社会主义新农村建设书系　生态美丽家园建设培训用书

服务"三农"重点出版物出版工程

浙江大学农业技术推广中心组织编写

农村生活污水处理知识 160 问

主　编　罗安程

副主编　韩志英　沈琴琴　曹　杰

U0277309

ZHEJIANG UNIVERSITY PRESS

浙江大学出版社

图书在版编目（CIP）数据

农村生活污水处理知识 160 问 / 罗安程主编. —杭州：
浙江大学出版社，2013.11
ISBN 978-7-308-12349-5

Ⅰ. ①农… Ⅱ. ①罗… Ⅲ. ①农村－生活污水－污水
处理－问题解答 Ⅳ. ①X703－44

中国版本图书馆 CIP 数据核字（2013）第 240515 号

农村生活污水处理知识 160 问
主　编　罗安程

丛书策划　阮海潮（ruanhc@zju.edu.cn）
责任编辑　阮海潮
封面设计　林智广告
出版发行　浙江大学出版社
　　　　　（杭州市天目山路 148 号　邮政编码 310007）
　　　　　（网址：http://www.zjupress.com）
排　　版　杭州中大图文设计有限公司
印　　刷　浙江良渚印刷厂
开　　本　710mm×1000mm　1/16
印　　张　11.75
字　　数　199 千
版 印 次　2013 年 11 月第 1 版　2013 年 11 月第 1 次印刷
书　　号　ISBN 978-7-308-12349-5
定　　价　25.00 元

前　言

PREFACE

　　21世纪是人与自然开始走向和谐共处的世纪,环境与发展已成为各国关注的时代主题。我国人口众多、幅员辽阔,农村人口占全国总人口的80％的人口,是一个以农村农业为主的大国。广大农村地区是我国城市人民赖以生存的农副产品和部分工业原料的来源地。党的十六届五中全会后,中央发出了建设社会主义新农村的伟大号召,新农村建设已成为区域经济发展的基石。21世纪以来连续7个中央"一号文件"明确提出我国农村全面建设发展的任务,加大国家对农业、农村的投入力度,包括财政支出、金融服务、农村市场开拓等多个方面。

　　农村环境保护是我国环境保护工作的重要组成部分,是改善区域环境质量的重要措施。农村生活与生产产生的污染不仅会影响广大农村居民的生活质量,也会影响到城市环境。因此,农村环境质量的好坏直接影响城乡居民的工作和生活,也与国民经济的发展息息相关。新农村建设、优良生态环境培育是一项长期而艰巨的工作。农村环境治理涉及面广、地域类型多、情况复杂,无论在资金上、技术上还是在群众基础上都存在着区域和技术断层。

　　生活污水处理是农村环境建设中的重要内容。可以说,近年来的农村环境保护工作从技术层面上,生活污水处理占有极大的比重。目前,我国农村生活污水处理率正迅速提高,为广大农村地区环境质量的提高起到了重要作用。农村生活污水处理是一件前所未有的新生事物,无论在技术上还是在工程经验上都相当缺乏,这是我国农村环境保护中的一个瓶颈。21世纪以来,我国不少水处理研究人员致力于农村生活污水处理的研究,创制了不少适合我国国情的污水处理工艺技术。

　　但是,由于农村生活污水处理涉及的技术性比较强,在技术推广中仍存在着大量技术问题。编者多年的工程与管理实践表明,我国农村生活污水处理工程建设中存在多方面的问题。首先,不少基层领导对农村生活污水处理的重要性认识不足,认为农村生活污水的污染不是一个严重问题,对工程建设任务观点比较严重,以应付上级检查为目的。其次,项目涉及的专业知识比较多,乡镇领导、村委干部,甚至施工人员缺乏相应的基本概念,很多人无法看懂设计图纸。多数村干部把污水处理理解为"挖几个池",使不少污水处理工程难以达到技术要求。第三,由于项目实施经验不足,很多设计单位也难以把握设计的基本理念。管理部门也难以从根本上监督工程质量,往往以工程进度考核建设成果,使工程质量大打折扣。另外,建设推广面大,运营维护跟不上,污水处理设施成了"晒太阳"工程。

　　本书编写人员大多来自基层环境保护管理、工程设计与施工管理部门,具有丰富的实践经验,本书的内容多数来自基层工程实践,所采用的图片绝大部分来自工程现场,更贴近现实。

　　本书编辑的目的在于针对目前我国农村生活污水处理中的常见问题,采用问答的形式,图文并茂地描述了农村生活污水处理工程建设中的基本概念、工程设计施工、运行管理中的一些实际问题,实用而简约,通俗而易学,不失科学性和先进性,对于广大乡镇、村、社区环境保护技术人员具有较好的参考、指导价值,也可作为污水处理设施规划、设计、施工人员的培训教材。

　　然而,为使描述通俗化、简约化,每个问题的论述就难以做到严谨、全面,加之编者学术水平有限,本领域的技术发展又快,书中难免存在不少错误与不足,殷切希望各位读者批评指正。

罗安程

2013 年 9 月于浙江大学

《农村生活污水处理知识 160 问》
编委会名单

主　编　罗安程

副主编　韩志英　沈琴琴　曹　杰

编　委　张志远　陈　昕　林淑君

　　　　王云龙　张　帅　聂新军

　　　　傅玮洁

目 录
CONTENTS

第二部分　污水处理技术基础

第三部分　设计、施工

第四部分　运行维护

第五部分　工程验收

主要参考文献

第一部分　污水处理基础知识

1. 我国农村水环境污染情况怎么样？

农村水环境是分布在农村的河流、湖沼、沟渠、池塘、水库等地表水体、土壤水和地下水的总称，是农村生产和农民生活的重要资源。改革开放大力推进我国农村经济飞速发展，与此同时农村环境问题日益凸显，尤其是水环境质量总体上呈恶化趋势：

（1）农村生活污水和生活垃圾随意排放污染水环境

据统计，全国农村生活污水年产生量有 80 多亿吨，生活垃圾 3 亿吨左右。目前仅有 19.4％的乡镇生活污水得到集中处理，住房与城乡建设部《村庄人居环境现状与问题》调查报告显示，96％的村庄没有排水渠道和污水处理系统。未经处理的生活污水常自流进入地势低洼的河流、湖泊和池塘等地表水体中或渗入地下，严重超出了水体自净能力，污染了各类水源，河、沟、塘、池甚至发黑发臭（图 1-1）。同时，生活污水也是疾病传染扩散的源头，容易造成地区的传染病、地方病和人畜共患疾病的发生与流行。目前，全国农村的自来水普及率只有 34％左右，还有 3 亿多农民存在饮水安全问题。另外，农村生活垃圾一般露天随意堆放，垃圾渗漏液、有害物质侵入水环境，直接污染河流或地下水。

（2）畜禽水产养殖废弃物处理与资源化利用率低是水环境污染源

全国现有 14000 多个规模化畜禽养殖场，80％左右的养殖场污水未经任何处理而外排，我国畜禽污水年排放总量超过 200 亿吨。养殖废水中的大量氮、磷资源直排进入水体，成为我国河流、湖泊和东南沿海水体污染、富营养化的主要污染源（图 1-2）。畜禽粪便年产生量在 25 亿吨以上，大部分畜禽粪便未得到合理利用，随地表径流进入农村水环境。

(a) 农村综合污染渠道　　　　　　(b) 农村生活污水污染的渠道

图 1-1　农村地区被污染的渠道

(a) 猪场养殖废弃物处理设施简陋　　(b) 养殖废水直排导致农村河道水发黑

图 1-2　畜禽养殖废弃物导致农村水环境问题

（3）农田化肥、农药过度施用污染水环境

我国农村化肥年施用量在 4000 万吨左右,其中氮肥施用量高达 2200 万吨,而农药年施用量在 130 万吨左右。然而,目前农田施肥方法简单,肥料利用率只有 30%～40%,大部分化肥随着地表降雨流入农村地表水或者渗入地下水,严重污染农村水环境。

（4）乡镇企业污染物排放污染水环境

随着改革开放的不断深入,乡镇企业蓬勃发展。然而,我国多数乡镇企业都存在布局分散、发展较快、缺乏合理规划和有效行政管理、经济条件不足、技术装备差、污染防治水平低,少数企业甚至没有治污措施。乡镇企业废水年排放量达到 30 亿吨,严重污染水环境。

农村水环境污染是关系到民生民计、社会稳定的重要问题。近年来,政府对农村环境保护日益重视,开展了农村环境整治活动,在不少地区,水环境质量出现了明显好转。但是,我国国土面积广大,大部分农村地区仍无治理措施,总体上看,农村水环境污染仍十分严重。因此,农村水环境治理是一个需要长期努力的工作。

2. 农村生活产生的主要水污染源有哪些?

农村生活产生的主要水污染源有生活垃圾与生活污水两大类。

(1)生活垃圾。在缺乏生活垃圾收集与处理系统的农村地区,居民生活垃圾常被随意堆弃于沟塘、河道,经雨水浸渍和冲刷进入水体环境,垃圾腐败导致水体水质恶化(图1-3)。

图1-3　随意弃置于河道的生活垃圾

(2)生活污水。我国大部分农村地区污水收集与处理系统不完善甚至完全没有,生活污水常不经处理或只是经过简单处理排入水体或渗入地下,导致地表水和地下水污染。在我国农村,沿河居住的居民甚至将生活污水直排河道(图1-4),造成的污染触目惊心。

3. 农村生活污水有哪些来源,其水质特点与排放规律如何?

农村生活污水是指农村居民在日常生活过程中产生的污水,主要来自冲厕、洗衣、洗浴、餐厨等(图1-5)。

农村生活污水水质主要具有如下特点:

(1)农村生活污水水质与当地居民生活习惯、生活水平、经济条件直接相关,呈地域性变化。

(2)通常情况下,农村生活污水化学需氧量(COD_{cr})为 $200\sim800$ 毫克/升,氨氮($NH_3\text{-}N$)为 $20\sim80$ 毫克/升,总磷(TP)为 $2.5\sim8$ 毫克/升。污

图 1-4　农村居民生活污水直排

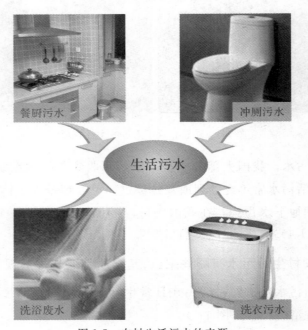

图 1-5　农村生活污水的来源

水中通常还含有合成洗涤剂以及细菌、病毒、寄生虫卵等,基本上不含重金属和有毒有害物质,可生化性好,宜采用生物、生态法处理。

（3）经我们课题组常年监测,发现同一地区农村生活污水水质季节性差异比较小,可以忽略不计。

农村生活污水排放量方面,主要呈现如下规律:

(1)我国农村人口数量庞大,农村生活污水排放量具有区域排水量小、全国排水总量巨大的特点。

(2)农村生活污水水量时变化与日变化波动幅度大。生活污水排放量通常是傍晚多、白天少,有时中午时分几乎无污水排放。改革开放以来,农村外出务工人员明显增加,平时村中人口数很少,而节假日猛增。因此,生活污水水量在春节等节假日期间显著增加,而平时污水排放量减少。

4. 水体对污染物有自净能力吗？其净化的主要原理是什么？

水体对污染物有自净或净化能力。当污染物随污水进入湖泊、河流、海洋等自然水体后,水体物理、化学和微生物性质发生改变,即发生水体污染。然而,污染物经过水体环境中物理、化学和生物学作用,水体中污染物的浓度降低、毒性减轻或消失,经过一段时间后,水体可以恢复到受污染前的状态,这一过程称为水体自净。具体来讲,水体自净的主要原理是污染物经过稀释、扩散、沉淀、化学氧化还原作用和各种微生物的分解代谢,底泥吸附、原生、后生及其他高级动物摄食代谢,水生植物吸收利用等途径得以去除(图 1-6)。根据水体自净这个概念,自然水体可以容纳一定量的污染物。然

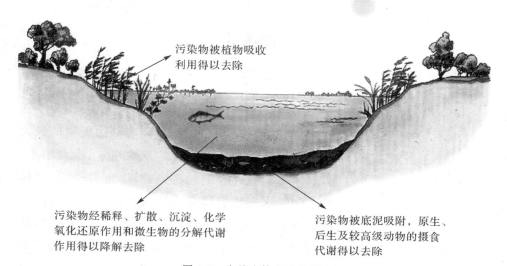

污染物被植物吸收利用得以去除

污染物经稀释、扩散、沉淀、化学氧化还原作用和微生物的分解代谢作用得以降解去除

污染物被底泥吸附,原生、后生及较高级动物的摄食代谢得以去除

图 1-6　自然水体自净作用

而,水体的自净能力是有限度的,过多的污染物,即超过水体自净能力的污染物进入水体后,会打破水体原有的生态平衡,水体自净能力会下降甚至消失,从而导致水体污染更加严重。

5. 什么是环境容量,环境容量在环境保护中有何意义?

环境容量是指在一特定地区,根据其自净能力,在特定的污染布局和结构条件下,为达到环境目标值,污染物的最大允许排放量。我们可以通俗地理解为,在自然生态环境不受危害的前提下,某一区域内环境对人类活动所产生污染物的最大容纳量(图 1-7)。任何区域其环境的最大容纳量是有限的,当进入的污染物数量超过最大容纳量时,即图 1-7 中天平指针向左偏,发生环境污染,这时环境生态平衡和正常功能就会遭到破坏。在环境保护管理中,环境容量是一重要的参考指标,是确定污染物总量控制的前提。环境容量越大,说明其可接受的污染物越多,反之亦然。

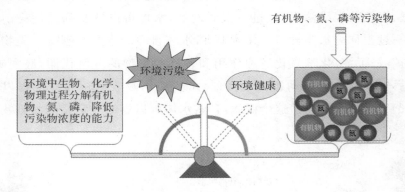

图 1-7　环境容量概念分析

6. 什么是水环境容量?

水环境容量是指特定水体在设定的环境目标下所能容纳污染物的最大负荷量。通俗地讲,水环境容量指不改变水体原有的景观用水、渔业用水、生活饮用水等功能条件下,水体最大允许容纳的污染物量,也就是说,水体"吞食"污染物的"胃口"(图 1-8)。水环境容量与水体自净能力有密切的关系,正是水体存在一定的自净能力,才使水体可以接受一定量的污染物,这也是污水处理出水无需达到受纳水体相同的水质就可排放的原因。管理上可根据环境容量的大小正确、经济、合理地利用水环境容量。

图 1-8 水环境容量概念

🏷 7. 农村生活污水处理技术有哪些类型？

目前正在研究和推广的适合农村生活污水处理的技术很多，根据不同工艺核心技术的工作原理，大致可归为 2 大类。

（1）生物反应器处理技术：人工构筑特定钢筋混凝土或砖砌反应器结构，并在反应器内接种微生物，通过微生物的分解、代谢作用，降低污水中污染物的污水处理技术。生物反应器处理技术主要有厌氧处理技术（地埋式厌氧池、厌氧滤池、上流式厌氧污泥床等）、活性污泥法（传统活性污泥法、序批式反应器、氧化沟等）、生物膜法（接触氧化法、生物滤池）。近年来，开发了不少以常规技术原理为核心的一体化成套污水处理设备用于农村生活污水处理，如太阳能一体化污水处理设备、净化槽技术等。这些一体化设备具有占地面积小、处理效率高的特点，在农村人口密集、水量较大的地区应用具有独特的优势。另外，膜生物反应器等污水处理新技术也可用于农村生活污水处理。

(2)自然处理技术:利用农村农户周围的池塘、低洼地等生态资源,运用植物-微生物联合作用、土壤吸附与渗滤、植物吸收、动物摄食等机制,去除农村生活污水中有机物、氮、磷的处理技术。目前常见的用于农村生活污水处理的自然处理技术有土地渗滤、人工湿地、氧化塘等。自然处理技术投资与运行成本低、管理方便、农村居民易接受,是我国农村应用较广的生活污水处理技术。

8. 是否存在不需要运行维护管理的农村生活污水处理技术?

由于农村生活污水水源分散、处理规模较小,加之农村难以找到专业技术人员对污水处理设施进行运行、维护、管理,运维管理成了农村生活污水处理技术推广的一个瓶颈。国内已开发出了不少运维管理便利、运行成本低廉的污水处理工艺技术,如厌氧-人工湿地、土地处理等,这些技术极适用于农村生活污水处理。但是,存不存在一种无需运行维护的污水处理技术呢? 答案是否定的。在实际工程中,为保证污水处理设施长期、有效地运行,采用任何工艺的污水处理设施均需要一定的运维管理,即使采用工艺简单的人工湿地和土地处理等生态处理技术,仍需要对构筑物进行清渣排泥、管道通堵、填料更换、植物复种与收割清理等运维管理(图1-9)。因此,那种依赖于某种技术不需要运维的思想是错误的,任何建成的污水处理系统必须安排人员进行运行维护与管理。

图 1-9 无管理导致损毁的人工湿地

9. 农村生活污水处理工程初步设计或工程设计方案编制时应重点考虑哪些因素？

农村生活污水处理工程初步设计或工程设计方案编制时除考虑与各类规划符合性及经济性、社会与环境效益等一般因素外，尚需要根据农村地区的特点，重点考虑以下因素：

（1）运维管理的便利性。在工艺选择时，要充分考虑农村人员技术素质情况，选择运维简便的处理工艺，否则绝大多数农村地区无法满足污水处理设施管理的技术人员素质要求。

（2）投资与运行的经济性。农村生活污水处理工艺的选择、设备选型、构筑物设计等应充分考虑当地的经济水平，在经济可承受范围内，选择效果好、运行维护简单的污水处理工艺和设备。

（3）布局因地制宜。由于历史的原因，大多数农村民居区基本无统一规划，无法统一安排生活污水集中处理设施。因此，设计人员现场踏勘要做到"到户"的水平，并根据现场情况确定污水处理管网与处理系统布局。

（4）污水处理系统与环境的景观协调性。污水处理工程建设、构筑物设计时要尽量与周边环境协调，尤其是在生态环境较好的地区，工艺选择时可考虑采用景观效果好的处理工艺，如人工湿地、氧化塘技术等。如图 1-10 所

图 1-10 某村小公园内的人工湿地污水处理系统

示,某村将生活污水人工湿地处理系统建在居民公共娱乐场所小公园内,并在设计人工湿地时选择兼具处理效果与景观效应的植物,实现了污水处理系统与环境景观的协调。

(5)资源综合利用。农村有其独特的环境优势,有利于水与养分资源的充分利用。在我国改革开放以前,农村的生活污水基本上都用于农业生产,只是改革开放以来农村居民生活水平不断提高,日益重视农产品安全,不再把污水用于农业,从而产生出生活污水污染问题。然而,在农村地区,污水经过无害化处理后仍完全有条件综合利用,例如:养殖污水与生活污水经沼气发酵处理后,沼液完全可用于农作物施肥;生活污水经处理达到相应的水质标准后可先贮存起来(图 1-11),用作农用水源,这对干旱地区农业生产特别重要。

图 1-11   用于农业灌溉的农村生活污水处理出水贮水池

10. 描述农村生活污水水质的指标主要有哪些?

农村生活污水水质一般从物理、化学、生物三方面描述,相应的指标如下:

物理性指标:总固体量(Total Solids,TS)、悬浮固体或悬浮物(Suspended Solids,SS)、臭味、水温、色度等。

化学性指标:pH、化学需氧量(Chemical Oxygen Demand,COD)、生物化学需氧量或生化需氧量(Bio-chemical Oxygen Demand,BOD)、总氮

（Total Nitrogen，TN）、硝酸盐氮（$NO_3^- $-N）、亚硝酸盐氮（$NO_2^-$-N）、总磷（Total Phosphorus，TP）、油和油脂、重金属等。

生物性指标：细菌总数、大肠菌群数等。

农村生活污水排放时，主要对 COD_{Cr}、BOD_5、SS、TN、NH_3-N、TP 有要求。

11. 什么是 COD？什么是 BOD？什么是 B/C 比？有何意义？

COD 是 Chemical Oxygen Demand 的英文缩写，中文含义是化学需氧量，是指在酸性条件下，用强氧化剂（重铬酸钾或高锰酸钾）将水中的还原性物质（主要是有机物）完全氧化所消耗的氧化剂量，以通过换算得到的单位体积水消耗的氧量（单位：毫克/升，mg/L）表示，是反映水中有机物含量的指标。当用重铬酸钾法作氧化剂时，测得的值为 COD_{Cr}，简写为 COD，当用高锰酸钾作氧化剂时，测得的值为 COD_{Mn} 或 OC。重铬酸钾氧化性较高锰酸钾强，一般情况下，同一水样 $COD_{Cr} > COD_{Mn}$。另外，水样中存在的还原性无机物如亚硝酸盐、硫化物、亚铁盐等在 COD 测定过程中也被氧化而消耗氧化剂，水样中也可能存在不能被重铬酸钾或高锰酸钾氧化的有机物，因此，COD 也只能是反映有机物相对含量的一个综合性指标。

BOD 是 Bio-chemical Oxygen Demand 的英文缩写，中文含义是生物化学需氧量或生化需氧量，是在水温 20℃、有氧条件下，由于好氧微生物（主要是细菌）的代谢活动，将水中有机物氧化分解为有机物所消耗的溶解氧量，单位是毫克/升（mg/L）。BOD 主要用于间接表示水中可被微生物降解的有机物含量。微生物氧化分解有机物延续时间很长，20℃水温条件下，一般需要 100 天以上，因此，通常用 5 天生化需氧量（BOD_5）作为可生物降解有机物的综合浓度指标。一般情况下，同一水样的 COD>BOD_5。

B/C 比是 BOD_5 与 COD 的比值，是判断污水是否宜于采用生物处理的判别标准，换句话说，B/C 比是可生化指标。B/C 比越大表示污水中可被生物降解的有机物越多，该类污水有机物越容易被生物处理，即该类污水越宜采用生物法处理。一般认为 B/C 比大于 0.3 的污水才适于采用生物处理。

12. 什么是氨氮、硝氮、亚硝氮、总氮？对水体危害有哪些？

氨氮（NH_3-N）主要是指水中游离氨（NH_3）与离子铵（NH_4^+）总和，游离氨与离子铵两者的组成比例主要与水温和 pH 有关。硝氮是指水中存在硝酸盐氮,亚硝氮是指水中的亚硝酸盐氮。总氮(TN)是指水中一切含氮化合物以氮计量的总和,由有机氮、氨氮、硝酸盐氮和亚硝酸盐氮组成。水体中氨氮、硝氮、亚硝氮、有机氮之间通过生物作用相互转化:(1)水体中有机氮一般不稳定,通常被微生物氨化作用生成氨氮;(2)氨氮在有氧存在条件下由微生物硝化作用生成亚硝酸盐氮、硝酸盐氮;(3)包括氨氮、亚硝酸盐氮、硝酸盐氮的无机氮可被生物利用后合成有机氮;(4)另外,亚硝酸盐氮、硝酸盐氮可通过微生物反硝化作用生成氮气(图 1-12)。

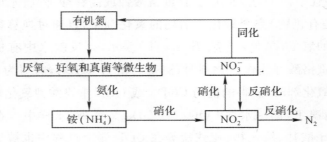

图 1-12　水体中氮循环示意图

氮对水体的危害主要体现在如下几个方面:

(1)氮素将导致水体富营养化。氮是水体藻类生长的营养元素,当水体氮素较多时,藻类可利用氮素过度生长,发生水体富营养化,水质恶化,水生态环境结构遭到破坏。

(2)氨氮氧化消耗水体中的溶解氧。氨氮进入水体后经硝化细菌作用氧化生成亚硝酸盐、硝酸盐氮,1 毫克氨氮氧化为硝酸盐氮需要 4.6 毫克溶解氧。

(3)游离氨对鱼类有毒害作用。水中氨氮(NH_4^+)与游离氨(NH_3)存在如下相互转化的关系:

$$NH_4^+ + OH^- \rightleftharpoons NH_3 + H_2O$$

水体中鱼类对游离氨很敏感,游离氨直接影响鱼鳃中氧传递。水体中游离氨对大部分鱼类的致死质量浓度是 1 毫克/升。

(4)亚硝酸盐及硝酸盐危害人体健康。在正常人体中亚硝酸盐和硝酸盐能很快被肠胃吸收,被吸收的亚硝酸盐能与人体中血红蛋白反应生成高铁变性血红蛋白。成年人可通过自身还原系统消除毒害作用,然而婴儿由于自身还原系统尚未发育完全,易增加患蓝婴病的风险。

13. 什么是可溶性总磷,什么是可溶性磷,什么是总磷? 水体磷的来源及危害有哪些?

可溶性总磷是指水中部分可溶性有机磷(约占总有机磷的 30%)和几乎所有的无机磷(正磷酸盐、磷酸氢盐、磷酸二氢盐、偏磷酸盐、聚合磷酸盐等)。可溶性磷一般是指可溶性正磷酸盐。水样经 0.45 微米(μm)滤膜过滤得到的滤液,供可溶性正磷酸盐测定,滤液再经过硫酸钾、硝酸-硫酸、硝酸-高氯酸等强氧化剂氧化分解,即消解,供可溶性总磷(可溶性总磷酸盐)测定。

总磷是指水体中各种形态磷的总称。水样经过消解直接测定的磷含量为总磷。总磷的测定是用强氧化剂将水中的一切含磷化合物都氧化分解后测得的正磷酸盐量。

水体水质中总磷、可溶性磷酸盐和可溶性总磷的测定流程如图 1-13 所示。

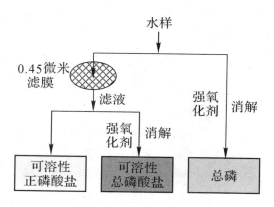

图 1-13　磷及总磷测定

水体中磷主要来源于市政污水(洗涤剂、粪便)、肥料、养殖废弃物、池塘/湖泊等水体底泥磷释放。磷的危害主要是它会造成水体富营养化,而且磷对水体富营养化的贡献一般大于氮。另外值得强调的是,磷在自然界单向循环,结果是磷最终沉积在海洋底部,由此人类可以利用的磷资源日趋减少,有专家分析认为全球磷矿资源将于 21 世纪中叶出现枯竭状况,而我国磷矿资源已成为 2010 年不能满足国民经济发展需求的 20 种矿产之一。因此,控制磷污染同时回收磷已成为污水处理领域的前沿课题。

14. 什么是水体富营养化?

在通常情况下,水体富营养化是指由于人类生活和生产活动,导致大量含氮、磷等营养物质进入湖泊、河口、海湾等缓流水体,引起藻类及其他浮游生物迅速繁殖,水体溶解氧量下降,水质恶化,导致鱼类及其他生物大量死亡的现象。这种现象在河流、湖泊中出现称为水华,在海洋中出现称为赤潮。

图 1-14　农村富营养化水体

这里需要特别强调的是富营养化在自然条件下也存在,它是湖泊衰老的一种表现。例如,在自然条件下,随时间的推移,湖泊中的氮、磷、碳等营养性物质逐渐累积,并从水深、营养物质少的贫营养湖,向水浅、营养物质多的富营养湖演变,如图 1-15 所示。在自然状态下,这种进程非常缓慢,往往是以地质年代来计算。但是,人类活动会使湖泊富营养化速度急剧加快,特别是城市和工农业污水的流入,大大地加速湖泊富营养化过程。

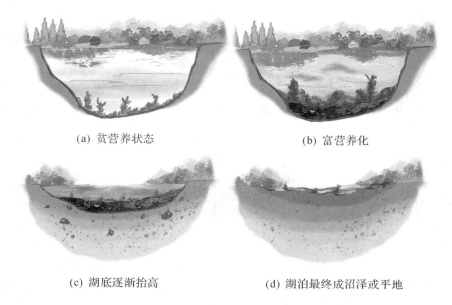

(a) 贫营养状态　　　　　　　　　　(b) 富营养化

(c) 湖底逐渐抬高　　　　　(d) 湖泊最终成沼泽或平地

图 1-15　湖泊富营养化的自然演变

15. 为什么说人类活动会加速水体富营养化？

尽管在自然界普遍存在水体富营养化现象,但人类的活动通常大大加快了这一过程,打破水体原有的生态平衡。一般来说,人类加速水体富营养化主要有以下两方面的因素(图 1-16):

(1)工农业生产活动。工业生产活动总体上来看,会产生废水,这些废水即使处理达标后排放仍会输入一定量的营养物质到周边水体,富营养化物质的接纳量常超过自然输入,废水未经处理达标而排放,其效应更加剧烈。农业生产活动中施用的有机和无机肥料只能部分被作物利用,未被利用的部分营养物质将随雨水或者灌溉水流失进入水体。另外,近年养殖业水污染问题日趋恶化。因此,人类活动造成的水体营养物质的积累远远超出了天然积累的速度,极大地加速了湖泊等水体的富营养化过程。

(2)生活活动。人类的生活过程不可避免地产生富含氮、磷废弃物,如厨房垃圾、冲厕废水等,这些物质曾经是人类培肥土壤、作物肥料的重要来源。随着人类科技与社会的发展,居民生活产生的垃圾、污水不再被利用而直接排放进入水体,加速了水体富营养化过程。

图 1-16   加剧水体富营养化的人类生产生活活动

🗒 16. 水体富营养化的主要危害有哪些?

(1)破坏水体生态环境。水体富营养化发生后,水体水质恶化,严重破坏水体生态环境。水体由于蓝绿藻的存在透明度降低,阳光难以穿透水层,从而影响水生植物的光合作用,使水溶解氧下降,造成水生动物死亡。同时,水体表面生长着大量以蓝藻、绿藻为优势种的藻类,形成一层"绿色浮渣",底层堆积的有机物质由厌氧微生物分解,产生硫化氢等有害气体,使水质进一步恶化,导致鱼虾等动物死亡。

(2)污染饮用水源。河流、湖泊、水库等地表水是人类重要的饮用水源。藻类的大量繁殖与腐败使水质恶化,藻类产生的藻类毒素严重威胁人体健康。因此,要严防饮用水水源富营养化。

(3)影响自然景观。水体富营养化使水质恶化发臭,严重影响自然景观。我国的天然湖泊、山川河流大多是著名风景旅游胜地,很多湖泊、河流都存在着不同程度的水体富营养化的问题,例如太湖、巢湖、滇池都曾爆发大面积的水华,使区域经济蒙受巨大损失。图 1-17 是南太湖藻类爆发的景观。

图 1-17　南太湖藻类爆发

17. 生活污水臭气从哪儿来？在农村生活污水处理工程设计中如何防治恶臭扰民？

生活污水臭气主要来源于污水中的含碳、硫、氮等有机物在没有氧气存在的厌氧环境下，被厌氧微生物分解产生具有刺激性气味的挥发性脂肪酸、硫化氢、胺和氨气、臭粪素等。生活污水在厌氧环境下会产生一定程度的臭气，因此，处于厌氧环境下的污水处理设施如污水检查井、格栅井、厌氧池、贮泥池都通常是发出恶臭气体的主要单元。

在农村生活污水处理工程设计时，应采取必要防治措施尽可能降低臭气对居民生活环境的影响，例如：当污水处理设施离居民区较近时，污水处理设施建设点要选在常年盛行风向的下风向；对可能产生臭气的单元密闭封盖，如果有必要可设置废气收集与处理装置；地埋式的污水处理设施采取覆土绿化等措施。

18. 与农村生活污水处理有关的水质及污泥质量国家标准有哪些？

农村生活污水处理出水资源化利用或排放，相应的水质要求如下：

（1）处理出水资源化利用水质标准：

农村生活污水处理后用于渔业生产，水质应符合《渔业水质标准》

（GB11067—89），该标准的目标是防止和控制渔业水域水质污染，保护鱼贝藻类正常生长、繁殖和水产品的质量。

　　农村生活污水处理后用于农业灌溉，水质应符合《农田灌溉水质标准》（GB5084—2005），该标准的目标是防止土壤、地下水和农产品的污染，保障人体健康，维护生态平衡，促进经济发展。该标准规定了农田灌溉水质的要求、监测和分析方法。

　　农村生活污水处理后用于市政用水，水质应符合《城市污水再生利用城市杂用水水质》（GB/T18920—2002），适用于厕所便器冲洗、道路清扫、消防、城市绿化、车辆冲洗、建筑施工杂用水。

　　（2）排放水质标准：

　　目前，我国没有专门针对农村地区生活污水的污水排放标准，农村生活污水处理工程出水一般情况下应符合《污水综合排放标准》（GB8978—1996）、《城镇污水处理厂污染物排放标准》（GB18918—2002）。

　　《污水综合排放标准》（GB8978—1996），目标是控制水污染，保护江河、湖泊、运河、渠道、水库和海洋等地面水以及地下水水质的良好状态，保障人体健康，维护生态平衡，促进国民经济和城乡建设的发展。

　　《城镇污水处理厂污染物排放标准》（GB18918—2002），为促进城镇污水处理厂的建设和管理，加强城镇污水处理厂污染物的排放控制和污水资源化利用，保障人体健康，维护良好的生态环境。该标准规定了城镇污水处理厂出水、废气排放和污泥处置（控制）的污染物限值。适用于城镇污水处理厂出水、废气排放和污泥处置（控制）的管理。在农村地区，集中式生活污水处理工程出水水质需要达到《城镇污水处理厂污染物排放标准》（GB18918—2002）要求。

　　农村生活污水处理后排入下水道，水质需满足《排入城市下水道水质标准》（CJ3082—1999），标准规定了排入城镇下水道污水的水质要求、取样和监测方法。

　　农村生活污水处理厂产生的污泥如用于土壤培肥，污泥污染物含量需符合《农用污泥中污染物控制标准》（GB4284—84）。该标准的目标是为防止农用污泥对土壤、农作物、地面水、地下水的污染。适用于在农田中施用城市污水处理厂污泥、城市下水沉淀池的污泥以及江、河、湖、库、塘、沟、渠的沉淀底泥等。

19. 什么是沼气发酵？

沼气发酵又称为厌氧消化、厌氧发酵和甲烷发酵，是指作物秸秆、杂草、粪便、垃圾、污泥、工业有机废水等有机物料在一定的水分、温度和严格的厌氧环境条件下，被厌氧微生物分解代谢，最终形成甲烷和二氧化碳等混合可燃性气体（沼气）的复杂生物化学过程。由于这种气体最初是在沼泽、湖泊、池塘中发现的，所以人们叫它沼气。沼气发酵过程广泛存在于自然界的许多地方，如水沟、水塘和储粪池中，我们在这些场所会经常看到有气泡冒出，气温越高，气泡就越多，这些气泡就是沼气。

近年来，沼气发酵以沼气工程的形式已在我国农村地区大范围地工程化应用，主要用于畜禽养殖、农家乐餐饮、农产品加工等废弃物处理，对改善农村环境、废弃物资源化利用有着重要意义（图 1-18、1-19）。一般情况下，农村沼气工程采用图 1-20 的技术模式，实现农村地区有机废料处理与综合利用：富含有机质的餐厨垃圾、作物秸秆、人畜粪便、高浓度养殖废水等被厌氧微生物在无氧环境下代谢分解，产生的沼气用作燃料，沼液、沼渣作为废料施用于水田或旱作作物。

图 1-18　沼气发酵技术在农村养殖污染控制上的应用

图 1-19   沼气发酵技术在村镇竹制品加工废水处理中的应用

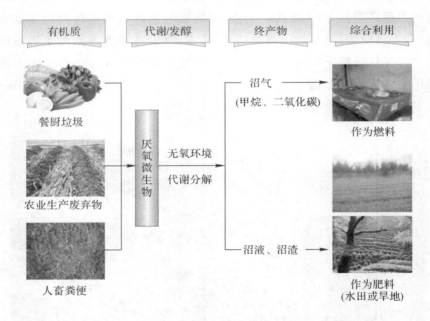

图 1-20   农村沼气发酵技术——资源化综合利用

20. 农村生活污水能用于产沼气吗？

　　理论上,农村生活污水中有机物可以被厌氧微生物在没有氧的条件下,分解产生沼气。然而,在实际工程应用中,农村生活污水很少单独用于产沼气。根据理论推算,产沼气的生物系统中每降低 1 千克 COD 可产生 0.35

立方米沼气。以农村 5 口之家为例,农户生活污水日产生量为 500 升,污水 COD 浓度取 500 毫克/升,厌氧发酵(沼气发酵)技术去除 70%COD 将产生 0.0613 立方米沼气,远低于农户 1.5 立方米沼气需求(每人每天生活所需实际耗气量约 0.2 立方米,不会超过 0.3 立方米)。因此,生活污水 COD 浓度偏低即有机物含量少,生活污水不适合单独用于厌氧发酵产沼气。然而,生活污水可以与人畜粪便、餐厨垃圾、秸秆等有机物料混合后产沼气。

第二部分　污水处理技术基础

21. 什么是排水体制？排水体制有哪些种类？

排水体制是指某一特定区域内生活污水、工业废水、雨水通过一个或两个、或多个管渠系统排除的方式。我国农村地区乡镇企业规模小、排水量较少，农村排水系统以排除生活污水和雨水为主。

排水体制一般分为合流制和分流制两种类型。合流制是指污水和雨水混合在同一管渠内排除的系统，即雨污混流系统。合流制又分为直排式合流制（不经处理直接排放，图 2-1a）、截留式合流制（大部分污水处理后排放，暴雨天气混合污水中超过截留主干管输水能力的污水直接排放，图 2-1b）和

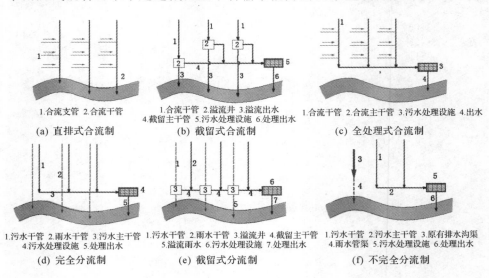

1.合流支管　2.合流干管
(a) 直排式合流制

1.合流干管　2.溢流井　3.溢流出水
4.截留主干管　5.污水处理设施　6.处理出水
(b) 截留式合流制

1.合流干管　2.合流主干管　3.污水处理设施　4.出水
(c) 全处理式合流制

1.污水干管　2.雨水干管　3.污水主干管
4.污水处理设施　5.处理出水
(d) 完全分流制

1.污水干管　2.雨水干管　3.溢流井　4.截留主干管
5.溢流雨水　6.污水处理设施　7.处理出水
(e) 截留式分流制

1.污水干管　2.污水主干管　3.原有排水沟渠
4.雨水管渠　5.污水处理设施　6.处理出水
(f) 不完全分流制

图 2-1　排水体制示意图

全处理式合流制(全部污水处理后排放,图 2-1c)。分流制一般是指污水和雨水分别在两个或两个以上独立的管渠系统排除,即雨水排水系统和污水排水系统。分流制又可分为完全分流制(具有完整的污水排水系统和雨水排水系统,图 2-1d)、截留式分流制(图 2-1e)和不完全分流制排水系统(只有污水排水系统,无雨水排水系统,雨水沿天然地面、原有沟渠系统排泄,图 2-1f)。

22. 不同排水体制在农村应用情况如何? 农村生活污水处理工程如何选择排水体制?

合流制排水系统,雨水和污水混流,仅需要一套排水系统,具有建设施工简单、工程量小、投资省等方面的优点,在我国农村地区应用较广(图 2-2)。目前一部分经济相对落后的村镇采用直排式合流制,即生活污水混同雨水沿着人工开挖的明沟或暗渠直接排入河道、沟塘等;还有一部分村镇在农村居民新居建设中采用截留式或全处理式合流制排水系统,并新建一定规模的污水处理设施。然而,合流制排水系统在农村地区应用过程中

图 2-2 雨污混流后的排水

也暴露出一些缺点,主要有:(1)明沟或暗渠排放污水,容易滋生蚊蝇并产生臭气,影响环境卫生;(2)明沟排水混入的雨水水量短时间内激增,难以选择合适的污水处理工艺;(3)雨污合流,污水水质、水量不稳定,对后续污水处理设施冲击负荷高,污水处理设施出水难稳定达到预期效果;(4)在污水处理设施设计时考虑到雨季处理水量峰值变化,污水处理工程规模增加,工程总投资相应增加。

分流制排水系统,雨水和污水分流,污水处理系统仅对污水进行处理,污水处理系统的进水量较合流制排水系统污水处理设施进水量小,节约了污水处理设施的建设和运行成本。然而,分流制排水系统工程施工量大、投资高,在部分农村地区也存在施工难度相对较大的问题。只有少数的农村地区在新居建设中开始建设有完善的雨污分流体系并配套了相应的污水处理设施。另外,在某些地区初期雨水冲刷地面,同样含有一定的污染物,在此种情况下,初期雨水得不到有效处理,对环境卫生造成一定威胁。

农村生活污水处理工程设计时,应综合考虑雨污分流制和合流制排水系统的特点,结合农村的实际条件,本着经济、实用的原则,做好排水基础设施的设计与建设。对于有条件的、新建设的居民区,建议采用雨污分流制排水系统,建设完善的雨污完全分流管网。经济条件相对较差的地区,为节省工程建设投资,可充分利用农村原有的明沟或暗渠排水系统并适当修缮作为雨水排除系统。同时单独设计完善的生活污水收集管网,即选择不完全分流排水体制,进而选择适当的处理工艺对生活污水进行集中处理。

23. 布置农村生活污水收集管网时,应遵循哪些基本原则?

(1)符合建设规划。管线布置要与农村建设规划相衔接,近期建设与远期规划相结合,使管网布置与敷设在满足近期建设要求的基础上,同时考虑远期规划。

(2)利用地形。管网定线时要充分利用地形,尽可能让污水靠自身重力从高处流向低处,避免或减少污水提升。在整个排水区域较低的地方敷设污水主管道及干管,便于直接连接农户的支管污水靠重力自流。另外,如果让污水在管道中靠重力自流,管道必须有一定的坡度,而坡度一般是靠增加管道末端地埋深度实现的。为降低因增加管道地埋深度产生的工程费用,在尽可能减少管道地埋深度的情况下,使最大区域内的污水靠重力自流排出。地形复杂时宜布置成几个独立的管网系统。若地势起伏较大,宜分区布置形成高地区和低地区两套独立排水系统。对于管网布置难度较大的个别低洼地,首先考虑独立成网,分片单独处理,尽量不采用中间提升,只在无法采用单独处理情况下考虑建设提升泵站。

(3)降低施工难度。管道定线尽量减少与河道、山谷、铁路及各种地下构筑物交叉,并充分考虑地质条件的影响。污水干管一般沿道路布置。在条件允许时,尽可能沿原有排水沟敷设,减少施工工程量与施工难度。

(4)减少工程量。减少工程量是降低工程投资的有效途径。管线布置应简洁顺直,不要绕弯,注意减少大管道的长度。避免在平坦地段采用流量小而长度长的管道,因流量小,保证重力自流流速所需的坡度大,从而使埋深增加。

24. 农村生活污水管网系统的设计过程中,建设单位应配合设计单位做哪些事?

(1)基础资料收集。污水管网系统涉及面广,建设单位应积极地按设计单位要求收集基础资料,并配合、协助设计人员实地勘察,尽可能多地收集图文、现状等基础资料,如村镇建设规划、给排水专项规划、生活污水处理工程项目有关文件,包括项目建议书、可行性报告等;基础图件、地形、地质勘测报告、气象、水文资料;社会经济状况和给排水现状等。

(2)配合设计单位划定污水排放、收集区域。根据工程项目服务范围内地质地形特点和区域发展规划,合理划分污水排放、收集区域。

(3)配合设计单位确定污水主干管的走向、管位和控制点。该部分为污水管网系统设计的主要部分,建设单位应配合设计单位依据相关设计原则和规范,合理规划设计。

(4)参与管道平面、主要纵剖面图的审核。

25. 排水管渠系统中为什么要设置检查井? 如何设置?

排水检查井是排水管道系统上为便于对管道系统作定期检查和清通而设置的附属构筑物,俗称窨井(图2-3)。检查井通常设在管道交汇、转弯、管道尺寸或坡度改变、跌水等处。在相隔一定距离的直线管渠上,也应设置检查井,井间最大间距一般可按现行给排水设计规范规定设置。

图 2-3　检查井

检查井结构设计参照《排水检查井图集 02S515》。图 2-4 为 Φ1250 圆形砖砌污水检查井,该检查井用于直径为 D1 与 D2 两管渠交汇,内径 1.25 米,踏步用于人员下井操作。

26. 选择农村生活污水处理工艺时,需要特别考虑哪些因素?

选择农村生活污水处理工艺时除考虑常规因素(如出水效果、进水水质等)外,还需要考虑以下几方面的因素:

(1)水质、水量波动。大部分单个农村生活污水处理工程处理水量较小而日变化大。因此,选择的工艺对这种特点应有一定的适应性。

(2)地形特征。尽可能利用地形自然高程差,设计跌水曝气充氧、重力流布水等,降低污水处理工程运行成本。

(3)社会经济条件。农村经济条件相对薄弱,污水生态处理工艺具有工程投资与运行费低的优势。

(4)管理维护技术要求。农村地区通常缺乏污水处理设施运行维护专业人员,因此,尽量选择运维要求低的处理工艺。

(5)污水综合利用。对于肥水不足的农村地区,应尽量考虑农村生活污水处理出水农田灌溉及其他形式的资源化综合利用。

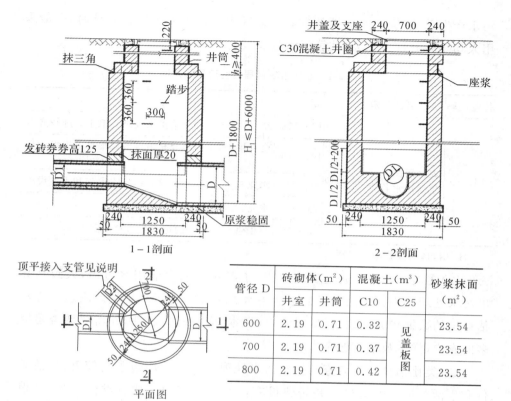

管径 D	砖砌体（m²）		混凝土（m³）		砂浆抹面（m²）
	井室	井筒	C10	C25	
600	2.19	0.71	0.32	见盖板图	23.54
700	2.19	0.71	0.37		23.54
800	2.19	0.71	0.42		23.54

说明：1.单位：毫米。

2.井墙用 M7.5 水泥砂浆 MU10 砌砖。

3.抹面、勾缝、座浆、抹三角灰均用 1∶2 防水水泥砂浆。

4.井内外墙用 1∶2 防水水泥砂浆抹面至井顶部，厚 20。

5.井室高度自井底至盖板底净高一般为 1800，埋深不足时酌情减少。

6.接入支管超挖部分用级配砂石、混凝土或砖填实。

7.顶平接入支管见圆形排水检查井尺寸表。

图 2-4　Φ1250 圆形砖砌污水检查井结构

27. 怎样估算农村生活污水水量？

我国幅员辽阔，人口众多，社会经济、人文和自然条件区域差异大，因此，污水产生量区域性差异也比较大，难以采用统一标准进行估算。目前，水量估算主要有以下几种方法：

（1）定额估算法。在设计前，收集农村常住人口和流动人口数、给排水系统现状和规划等资料，依据当地政府部门制定的用水定额，根据服务人口估算出用水量，然后再乘以产污系数（一般取 0.8～0.9）得出服务范围内的污水产生总量(表 2-1)。浙江省农村地区生活污水处理工程设计时,一般采用人均 100 升/(人·天)估算污水量。

表 2-1　浙江省农村居民生活用水定额

行业代码	类别名称	定额单位	定额值	备　注
ED102	农村居民生活用水	升/(人·日)	120～180	全日供水,室内有给排水设施且卫生设施较齐全
			100～160	全日供水,室内部分有给排水设施且卫生设施较齐全
			80～120	水龙头入户,室内部分有给排水设施和卫生设施
			70～90	水龙头入户,无卫生设施
			60～70	集中供水点取水的边远海岛及偏僻山区

注:引自《浙江省用水定额》

(2)实地调查法。通过实地调查,了解农民的生活用水习惯,大致估算出污水处理工程服务区农民的生活用水总量和产生污水总量。用这一方法估算出的数据较为准确,但调查农户(样本)应具有代表性,并需要调查足够多的农户(样本数量足够多)。

(3)类比估算法。调查与拟建污水处理工程村镇周边距离较近、生活条件和生活习惯相似的村镇是否建设有污水处理工程。如有类似工程,可根据相邻村镇生活污水处理设施实际进水量与服务人口的关系,推算出新建污水处理设施的拟处理污水量。

28. 如何确定农村生活污水处理工程进水水质?

农村生活污水处理工程进水水质即污水水质状况直接影响污水处理工艺选择、工艺设计参数确定、处理设施运行管理等核心内容,是决定工程成败的关键因素。工程设计前没有准确确定污水水质往往是农村生活污水处理工程出水不能稳定达标的主要原因之一。农村生活污水处理工程进水水质一般通过实际检测及经验估计两种方法确定。相比较而言,通过连续一年或多年实际检测污水水质的方法确定工程进水水质更科学合理。然而,受工程设计任务时限、客观情况等因素限制,通常只能选取部分时段污水进行检测,污水水质分析结果可能不具有代表性,此时就需要依靠经验估计方法甄别。由于污水水质状况与农村居民生活水平、生活与生产习惯有很大关系,而且存在明显的地域性差别,生活污水水质难以找到量化估算的方法,工程设计前应尽可能多地收集相关资料,应特别关注农户生活用水习惯、卫生洁具等与产生污水相关的资料。如果有条件,可参考相邻村镇农村生活污水处理设施的实际进水水质。根据经验,农村生活污水的水质一般为:pH:6~9,COD$_{Cr}$:150~500 毫克/升,BOD$_5$:70~250 毫克/升,NH$_3$-N:20~80 毫克/升,TP:2.5~8 毫克/升。

在进行农村生活污水水质估计时还应主要考虑以下因素:

(1)经济条件好,有自来水供水、抽水马桶、淋浴设施等时,其水质与城市污水水质相似,可参照常规城市生活污水水质进行工程设计。

(2)经济条件差,无自来水供水,无卫生洁具、淋浴设施,厨具简单的,这类生活污水污染物浓度低,COD 基本在 200 毫克/升以下。

(3)有在溪流中洗衣、洗菜等的生活习惯,同时农户卫生洁具不完善的乡村,生活污水水量小、污染物浓度低。

(4)化粪池完好、没有用人粪尿施肥习惯、经济与生活水平中等、用水量小的地区,其生活污水水量小而浓度高,氨氮浓度可超过 100 毫克/升以上,磷可超过 30 毫克/升以上。

(5)有散养家畜时,家畜养殖污水如果混入农村生活污水处理工程进水系统将大幅度提高污水污染物浓度,这种情况下,工程进水水质应以实测为准。

29. 什么是负荷、有机负荷、污泥负荷、水力负荷?

在污水处理领域,负荷表征污水处理设施可以受纳污水的能力,换句话说,负荷是表示污水处理设施处理能力的指标。

有机负荷是指单位体积污水处理反应器(或单位体积介质滤料)在单位时间内接纳的有机污染物量,一般不包括反应器回流量中的有机物(采用回流系统时)。有机物可以用 BOD$_5$ 或 COD 表示,因此又称 BOD$_5$ 或 COD 负荷,单位为千克/(米^3·天)。

污泥负荷是有机污染物量与活性污泥量的比值(F/M),即为单位质量的活性污泥在单位时间内接受的有机污染物量,单位通常用千克 BOD/(千克 VSS·天)或千克 COD/(千克 VSS·天)表示。活性污泥中的微生物在污水生物处理系统中扮演分解代谢污染物、净化污水的角色,因此,有机污染量与活性污泥量比值即污泥负荷,较有机负荷更能准确表征活性污泥生物反应器处理能力,但在实际工程应用中,活性污泥量测定温度高(550℃)、耗时长而使用较少,有机负荷应用较广。

水力负荷是单位体积或单位面积污水处理系统单位时间接纳的污水水量(如果采用回流系统,则包括回流水量),单位是米^3/(米^3·天)或米^3/(米^2·天),是污水处理设计和运行的重要参数。

30. 为什么说合理的负荷是污水处理设施正常运行、达标处理的基础?

在污水生化处理过程中,污染物的去除主要是靠微生物代谢活动达到的。微生物要达到良好的生长状态或维持稳定、旺盛的代谢活动需要获得一定量和一定比例的营养物质,如:好氧微生物的最佳生长环境的 BOD$_5$、N、P 比值约为 100∶5∶1。负荷过高或过低都不利于微生物的生长代谢。这个概念可以通俗地理解为污染物是被微生物"吃"掉的,过多的污染输入对微生物的生长不利,也就不利于微生物"吃"这些污染物,另外,污染物过多也使得微生物来不及"吃"掉这些污染物。而负荷过低时,微生物生长营养不良,甚至分解代谢自身物质维持其生命活动(类似人类瘦身),对其生长繁殖也有不利影响。因此,适当的负荷是污水生物处理系统高效运行的保障。在农村生活污水处理工程中,出水水质差的主要原因往往是超过设计负荷运行。图 2-5 是接受了高浓度污水而超负荷运行的人工湿地出水照片,

图 2-5　人工湿地超负荷运行出水发绿

该处理出水发绿,并有恶臭气味。因此,合理的负荷是污水处理设施正常运行、达标排放的基础。

31. 什么是污水处理反应器水力停留时间？水力停留时间如何计算？

水力停留时间,英文简称为 HRT,是指待处理污水在污水处理反应器内的平均停留时间,也就是污水与生物反应器内微生物作用的平均反应时间。HRT 是污水处理设施设计中一个重要的参数,决定了污水处理设施的有效容积(盛水体积)大小。

$$HRT = V/Q \quad （小时）$$

其中,V 是指污水处理设施的有效容积(米³);

Q 是指单位时间的污水流量(米³/小时)。

HRT 直接或间接影响污水处理效果,是污水处理设施正常运行的基础。一方面,活性污泥被微生物分解降低污水中污染物的生化反应需要一定的时间完成。另一方面,HRT 的改变一般通过调节反应器进水流量而实现,进入反应器的污染物量随进水量变化而变化,即 HRT 变化将带来反应器有机负荷的变化,此外,改变 HRT 引起的反应器进水量变化也将直接影响反应器内混合液水力条件的变化。

32. 农村生活污水处理设施建设选址应注意哪些主要问题？

农村生活污水处理设施选址首先要科学合理。农村生活污水处理设施选址除考虑技术要求外,还应考虑当地居民文化习俗、生活习惯等因素。因此,农村生活污水处理工程设计人员应在村干部陪同下,共同确定工程拟建地址。在农村生活污水处理设施选址过程中,相关人员应特别注意的主要问题如下:

(1)符合各类规划。农村生活污水处理工程建设地址应符合农村村庄建设规划、土地利用规划、生态规划等。

(2)依据地形地势等自然条件选址。比如在存在明显地势高差的地区,污水处理设施通常建在农村地势较低的地方,因为污水收集管渠多采用重力自流,管渠出水口地势低可以省去污水泵动力提升。图 2-6 中村民生活污水管可沿村道自上而下布置,使污水靠重力自然流下,在地势较低的地方建设污水处理工程,从而节约污水泵输送污水至污水处理厂的动力消耗。另外,污水处理设施选址时应考虑污水处理出水合理出路,如处理出水可排放至周边沟塘、河流或用于农田灌溉等。

充分利用地形、地势高差、污水处理设施选址要满足污水能自流接入

图2-6　污水处理工程选址应注意利用自然地势差

　　(3)尽量减小对周边居民生活的影响。如果农村生活污水处理工程存在噪声、臭气等问题,应特别注意避免因选址不当造成的工程扰民事件。用于村民生活用水的河、沟、塘、池不宜用作污水处理的氧化塘、生态沟、稳定塘。例如,经常有村民洗衣的池塘不能改造修建成用于污水处理的氧化塘(图2-7),而普通的农用水塘经过修整后可作为氧化塘处理污水(图2-8)。

图2-7　居民生活用水池塘,不宜作为氧化塘处理污水

图 2-8　农用水源的水塘，可用作氧化塘处理污水

（4）满足污水处理技术对选址的要求。如，人工湿地技术占地面积较大，设计人工湿地时可充分利用现有绿化用地，不额外占用土地。例如图 2-9中，可利用河道左侧现成的绿化地建设人工湿地，如图 2-10 中可利用断头河作为人工湿地污水处理系统。另外，农村地区景观水塘、废弃河道可以用于处理污水。例如图 2-11 中，农村民宅中间的自然池塘经过修整后可以用作处理污水的氧化塘。

图 2-9　河道左侧绿化带可布置人工湿地污水处理系统

图 2-10　可利用断头河作人工湿地污水处理系统

图 2-11　农村天然水塘可作为污水处理氧化塘

（5）尊重当地居民文化习俗。比如说，不要把污水处理工程，尤其是规模较大的生活污水集中处理工程建在居民民宅正门面对的地方。

33. 什么是污水预处理？农村生活污水预处理常采用哪些方式？

污水预处理通常是指设置在污水处理主体单元前端，保证其后续处理单元能正常并稳定运行而采取的一系列物理、化学处理技术措施。污水中通常含有一些砂砾等的粗大颗粒物、漂浮物（如塑料袋）、难生物降解的有机物、对生物有毒有害物、酸碱类腐蚀物等，如果不加预先处理，这些物质将会堵塞、腐蚀或磨损污水处理管道、水泵等设备，或者干扰或阻碍微生物净化污水的生物代谢活动。另外，在实际工程中，污水水质、水量变化不定，会对污水处理系统造成冲击。

通常，农村生活污水不含工业废水，难生物降解的有机物、对生物有毒有害物、酸碱类腐蚀物含量不多，其预处理以物理法为主，常采用的方法有格栅或滤网、沉砂池、沉淀池、隔油池、调节池等，主要去除颗粒物、漂浮物、餐厨废水中的油脂，缓冲污水水量水质冲击。

34. 为什么要设置化粪池？怎么设计建设？

粪便一般通过卫生间冲厕进入农村生活污水。含有粪便的污水固体物质含量高，粪便固形物容易淤积、堵塞管道，另外，微生物分解粪便固态有机物的时间较长。因此，通常情况下，在一户或者几户农户生活污水出户处设置化粪池，主要用于粪便污水预处理。在化粪池中，粪便固体物可沉淀在池底，液体由管道流走，防止了管道堵塞；另外，化粪池中的微生物主要是厌氧微生物，有足够的时间分解固态有机物，一般粪便经 3 个月以上的厌氧降解后便可清掏出作肥料使用。经过化粪池预处理，一般能将含粪便的生活污水 SS 降低 70％～75％，BOD 降低 30％～50％，但是单独使用化粪池处理生活污水不能达到相关的排放标准。

化粪池的池型有圆形和矩形，实际使用矩形为多。为减少污水和腐化污泥的接触时间，便于清掏污泥，池子常做成两格或三格，如图 2-12 所示。标准化粪池一般包括进水管、出水管、通气管、池体几个部分，可参照《砖砌化粪池标准图集》（02S701）、《钢筋混凝土化粪池标准图集》（03S702）和《全国通用给水排水标准图集》（92S213、92S214）中的相关内容进行设计和施工。图 2-13 为标准图集三格式化粪池设计图。

图 2-12 　建设中的化粪池

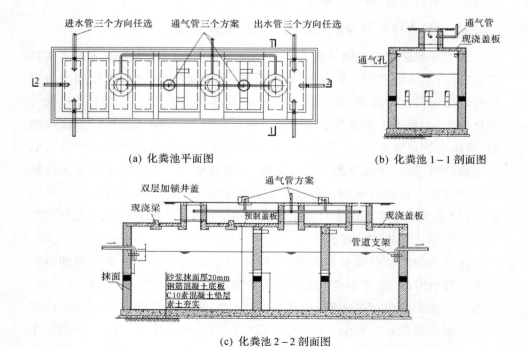

(a) 化粪池平面图　　　　　　　　　　　(b) 化粪池 1-1 剖面图

(c) 化粪池 2-2 剖面图

图 2-13 　三格式化粪池设计图

35. 什么是格栅？有什么作用？包括哪几种类型？

格栅是由一组平行的金属栅条组成，栅条间形成缝隙。格栅是农村生活污水处理的第一个处理单元，通常设置在污水处理设施进水口端，其主要作用是筛滤污水中的漂浮物、悬浮物，保护污水处理设施内的机械设备（特别是泵），防止管道堵塞。按照栅条间隙大小分为粗、中、细三种类型格栅。粗格栅栅条间距为50～100毫米，中格栅栅条间距为10～50毫米，细格栅栅条间距为<10毫米。按照清渣方式，格栅分为人工格栅和机械格栅（图2-14）。农村生活污水处理工程水量较小，多使用一道人工格栅，由人工定期清渣。

(a) 人工清渣格栅　　　　　　　　　(b) 机械清渣格栅

图 2-14　格栅的类型

36. 什么是调节池？

调节池是为了保护污水处理系统免受污水高峰流量或浓度变化冲击，在污水处理系统最前端设置的污水池。

调节池的主要作用是均衡污水的水质和水量，同时还有沉淀、混合、预酸化等功能。调节池常常应用于水质水量变化较大的污水处理厂以及规模较大的生活污水或工业废水处理工程（图2-15）。对于水量很小的分散式农村生活污水处理系统，一般不设置调节池。

37. 什么是隔油池、沉砂池、沉淀池？

隔油池是利用油比水轻的原理，分离去除污水中浮油的一种设施。当农村生活污水含有农家乐餐饮污水时，由于其含油脂量高，必须设置隔油池

图 2-15　工业园区污水处理厂中的调节池

（图 2-16）。工程上常常在格栅后、生物处理反应池前设置隔油池。

图 2-16　一体化隔油池

　　沉砂池主要用于去除水中砂粒、玻璃、金属、塑料、硬质渣屑等比重较大的无机颗粒杂质。沉砂池一般设在提升水泵、污水处理设施前，如初沉池之前，防止无机颗粒对水泵、初沉池污泥处置设备的磨损，还可以减轻初沉池处理负荷。沉砂池有平流式、曝气式和竖流式三种形式。在农村生活污水处理工程上，由于处理水量较小，常把格栅、隔油池、沉砂池制成一体化构筑物，便于建造、管理。

　　沉淀池是在保持一定的水流速度条件下，利用重力作用分离水中悬浮物的一种构筑物。沉淀池按工艺布置与用途的不同,分为初次沉淀池和二次沉淀池。初次沉淀池,简称初沉池,通常设在污水生物处理构筑物的前端,用于去除污水中悬浮物。二次沉淀池,简称二沉池,一般设在污水生物处理池后端,主要沉淀、分离回收活性污泥与污水混合液中的活性污泥。沉淀池种类很多,按池内水流方向不同,分为平流沉淀池、竖流沉淀池和辐流沉淀池三种(图 2-17a～c)。沉淀区内设有斜管的沉淀池为斜管沉淀池(图 2-17d),其沉淀效率较高。常用的沉淀池构筑物实景图如图 2-18 所示。

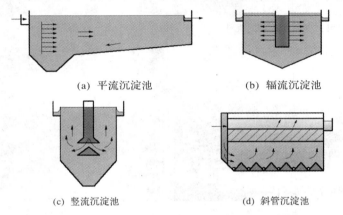

(a) 平流沉淀池   (b) 辐流沉淀池

(c) 竖流沉淀池   (d) 斜管沉淀池

图 2-17 不同形式沉淀池示意图

38. 什么是污水厌氧处理?污水厌氧处理工艺有哪些?

污水厌氧处理,即厌氧生物处理,与厌氧消化、厌氧发酵、沼气发酵原理相同,是指在无分子氧的条件下通过厌氧微生物的代谢作用,将污水中的各种复杂有机物降解成小分子有机酸,进而转化成甲烷和二氧化碳等无机物或者用于厌氧菌自身生物体合成增殖的过程。

根据厌氧处理工艺的发展历程,污水厌氧处理工艺主要有以普通厌氧消化池和厌氧接触工艺为代表的第一代厌氧处理工艺,以厌氧滤池(AF)、上流式厌氧污泥床(UASB)、厌氧流化床(AFB)、厌氧附着膜膨胀床(AAFEB)、厌氧折流板反应器(ABR)等为代表的第二代厌氧处理工艺,以氧膨胀颗粒污泥床(EGSB)和内循环反应器(IC)等为代表的第三代厌氧处理工艺。农村污水处理工程,处理水量少,规模小,常用到的厌氧处理工艺主要有厌氧消化池和厌氧滤池等,厌氧处理构筑物形式多以地埋式为主,节约池体保温材料,降低工程投资(图 2-19)。

(a) 多斗式平流沉淀池污泥斗

(b) 斜管沉淀池

(c) 辐流沉淀池

(d) 竖流沉淀池

图 2-18　各类沉淀池实景照片

(a) 地埋式矩形厌氧处理池

(b) 地埋式蛋形厌氧处理池

图 2-19　农村污水处理工程中常用的地埋式厌氧处理构筑物

39. 农村生活污水处理工艺流程中为什么常含有厌氧处理单元?

在农村生活污水处理工艺中,厌氧处理通常布置在污水组合处理工艺前端,如厌氧＋人工湿地、厌氧＋多介质土壤混合层、厌氧＋氧化塘等(图2-20),主要是因为污水厌氧处理可以发挥以下两方面作用:

(a) 厌氧+人工湿地技术

(b) 厌氧+多介质技术

(c) 厌氧+氧化塘技术

图 2-20　农村生活污水处理工程中的厌氧处理单元

(1)去除污水悬浮固体。农村生活污水进入厌氧处理单元,污水中悬浮固体可在厌氧处理单元内通过沉淀从污水中分离。污水悬浮固体中的固态有机物在厌氧处理单元内可被厌氧微生物降解,其他悬浮固体主要通过清渣、排泥去除。厌氧处理单元去除污水悬浮物功能,可以有效降低后续处理单元,如人工湿地系统进水管道堵塞频率。

(2)提高污水生化性。厌氧处理可去除污水中有机物,同时污水中难生物降解的复杂大分子有机物将会被厌氧微生物转化成易生物降解的小分子有机物,污水 B/C 比相应提高,即污水可生化性增强,有利于后续处理单元进一步降低污水有机物。

另外,厌氧处理具有以下主要优点:

(1)污水厌氧处理不需要氧气供应,耗能低。

(2)剩余污泥量少。剩余污泥概念源于活性污泥微生物吸收利用污水中的有机物、氮磷等养分,合成自身体内物质导致微生物增殖,污泥量增加这个过程。其中,这个增加的污泥量即为剩余污泥。好氧处理法每去除1千克COD将产生0.4~0.6千克生物量(污泥),而厌氧处理法去除1千克COD只产生0.02~0.1千克生物量,其剩余污泥量只有好氧处理法的5%~20%,这将大大节约厌氧处理系统污泥处理费用。

(3)管理维护简单。常规厌氧处理单元只需简单的清渣、填料和检查井盖板更换、防渗维护,维护周期长,甚至可达3~5年。

因此,考虑农村生活污水处理工程技术、经济和管理方面的要求,常在污水生态处理或好氧处理单元之前,设置厌氧处理单元。

40. 农村生活污水厌氧处理能达到什么样的出水水质?

厌氧处理主要用于去除污水中有机物。污水中不溶性大分子有机物如蛋白质、纤维素、淀粉、脂肪等及溶解性有机物经厌氧微生物作用经过水解酸化、产氢产乙酸和甲烷化三个连续阶段转化为水溶性小分子有机物,是出水COD主要来源,污水中的有机物分子结构中的氮、磷、硫等元素将会因有机物结构破坏,以氨氮、磷酸根、硫酸根等形式进入厌氧处理系统出水。

污水中的氮、磷在厌氧处理系统只能通过污泥微生物表面吸附、微生物吸收利用合成自身体内物质而去除,但这部分氮、磷去除量较少。

根据经验,农村生活污水厌氧处理出水有机物可降低60%~80%,但去除率与厌氧处理工艺及运行管理情况有关,氮、磷去除率一般忽略不考虑。如果农村生活污水经厌氧处理后出水水质达不到《污水综合排放标准》(GB8978—1996),仍需后续单元做进一步处理。

41. 厌氧池中悬挂填料起什么作用?

污水处理厌氧池中通常悬挂类似毛刷的软性填料、半软性填料,或者是竹帘等新型填料等。厌氧池内悬挂填料的主要作用是:

(1)增加厌氧池内传质面积。填料可为厌氧微生物附着生长提供固体表面,使厌氧微生物在填料表面形成生物膜,生物膜面积可达到3300米²/米³厌氧池体,增加了污染物向微生物传质的面积,有利于微生物降解污染物。

(2)减少随出水流失的厌氧微生物。由于厌氧微生物可附着在填料表面生长,不易随水流失,特别有利于生长速度较慢的厌氧微生物在系统内维持一定浓度。厌氧池悬挂填料后,厌氧微生物在系统内的停留时间可以达到 100 天以上,为厌氧池降解污水污染物提供了足够多的微生物。

(3)提高厌氧池处理工艺的稳定性。厌氧微生物在填料表面以生物膜形式存在,生物膜结构可以保护微生物,缓冲污水水量、水质变化对微生物的冲击。由此,厌氧池悬挂填料可提高厌氧池处理污水效果的稳定性。

综上所述,在厌氧池中悬挂填料提高了厌氧池处理性能。

42. 什么是活性污泥? 活性污泥处理污水一般流程是怎样的?

活性污泥是微生物群体及它们所依附的有机物质和无机物质的总称,由多种多样的好氧微生物、兼氧微生物、少量其他生物、吸附态有机物或无机微粒等组成的絮体,呈黄褐色泥花状(图 2-21)。絮体内微生物群体主要包括细菌、真菌、原生动物和后生动物等,其中,细菌和原生动物是主要的两大类。

图 2-21 曝气池中的活性污泥及污泥微生物电镜扫描照片

活性污泥污水处理工艺的实质是污水中的污染物与反应器内的活性污泥微生物混匀,在曝气有氧条件下被活性微生物摄取、代谢与利用,从而使污水净化、污泥微生物获得能量增殖的一种污水生物处理方法,一般工艺流程如图 2-22 所示。

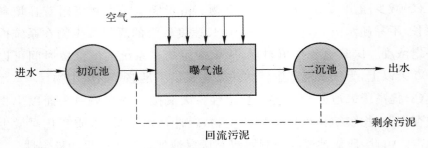

图 2-22   活性污泥污水处理工艺流程

污水首先经过初次沉淀池使其中的泥砂和大颗粒有机物得以沉降分离。在曝气池中,有机污染物通过活性污泥凝聚、吸附、氧化、分解、沉淀等过程得以去除。活性污泥中的"主力军"即各种微生物利用污染物进行新陈代谢活动,一部分污染物转化成生物量,完成生物增殖,另一部分转换成 CO_2、N_2 等气体从水中分离。曝气池中的泥水混合液在二沉池静置沉淀,部分活性污泥回流至曝气池维持曝气池内稳定的污泥微生物量,其余部分即新增的活性污泥(微生物)作为剩余污泥排出系统,经污泥脱水设备形成脱水污泥。经过这一过程,污水中的污染物从水中得以去除,水质得到净化。

43. MLSS、SV、SVI 是什么?

MLSS 是英文 Mixed Liquor Suspended Solids 的缩写,中文名称是混合液悬浮固体,表示悬浮生长反应器内混合液中所含活性污泥固体的浓度,即单位体积混合液中活性污泥固体物的总质量,单位为毫克/升(mg/L)。

SV 是英文 Settling Velocity 的缩写,中文名称是污泥沉降比,又称 30 分钟沉降比,即混合液在量筒内静止 30 分钟后形成沉淀污泥的容积占原混合液容积的百分数,用％表示(图 2-23)。

SVI 是英文 Settling Volume Index 的缩写,中文名称是污泥体积指数,是表征污泥凝聚、沉降性能的重要指标之一,该指标表示曝气池出口处混合液经过 30 分钟静止沉淀后,每克干污泥所形成的沉淀污泥所占有的容积,以毫升/克(ml/g)计,实际使用中常略去单位。计算公式为:

$$SVI = \frac{1 升混合液静沉 30 分钟形成的污泥容积(毫升)}{1 升混合液中悬浮固体的干质量(克)} = \frac{SV}{MLSS}$$

图 2-23　污泥沉降比的测定

在实践中常采用混合液悬浮固体(MLSS)、污泥沉降比(SV)和污泥体积指数(SVI)等分别表征活性污泥的量和沉降性能。由于 MLSS 及 SVI 均需要样品在 105℃烘干后测试,测试要求较高,所以在实际污水处理工程运行调试中一般测试 SV 检测活性污泥沉降性能。

44. 什么是缺氧/好氧生物处理工艺(A/O)?

缺氧/好氧生物处理工艺(A/O)是一种极常用的污水处理工艺。各种用于农村生活污水处理的一体化处理设备大多从缺氧/好氧(A/O)工艺原理变化而来。弄清这一工艺的特点,有利于对一体化设备的管理运维。A/O工艺主体由缺氧池和好氧池串联而成,缺氧池在前,好氧池在后,工艺流程如图 2-24 所示。

缺氧池中反硝化菌利用进水中的有机物作碳源,将污泥回流混合液中带入的大量硝酸盐氮还原为氮气(N_2)释放至空气中(反硝化反应),进水有机物浓度(BOD)降低。好氧池中好氧微生物利用氧气及有机质合成自身体内物质,微生物增殖,有机物浓度降低。另外,好氧池内氨氧化菌、亚硝酸盐氧化菌在溶解氧存在条件下将氨氮氧化为硝酸盐氮(硝化反应)。好氧池富含硝酸盐氮的泥水混合液回流至缺氧池,进一步去除硝酸盐氮,其余泥水混合物经沉淀池沉淀,上清液(出水)排出系统。该工艺具有效率高、流程简

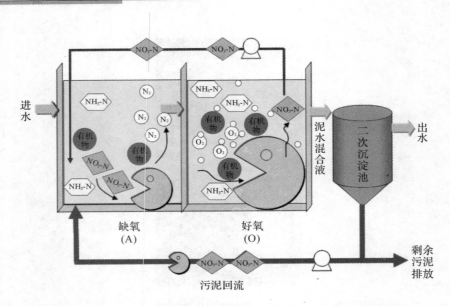

图 2-24　缺氧/好氧(A/O)生物处理工艺流程示意图

单、投资省、容积负荷高、耐负荷冲击能力强等优点。缺点是出水中含有硝酸盐氮,二沉池污泥可能发生反硝化反应,出现污泥上浮,影响出水质量。

45. 什么是厌氧-缺氧-好氧同步脱氮除磷(A²/O)工艺?用于农村生活污水处理有何优缺点?

　　厌氧-缺氧-好氧同步脱氮除磷(A²/O)工艺是污水生物处理工艺的一种,该工艺中污水经过连续厌氧、缺氧、好氧的环境在厌氧、兼氧及好氧微生物的协同作用下完成去除有机物,达到同步脱氮除磷的目的,其工艺流程见图 2-25 所示。

　　在 A²/O 处理工艺中,首段厌氧池主要是聚磷菌进行磷的释放,溶解性有机物被细胞吸收而使污水中 BOD 浓度下降。在缺氧池中,反硝化菌利用污水中的有机物作碳源,将回流混合液中带入的大量硝态氮和亚硝氮还原为 N_2 释放至空气中,BOD 浓度继续下降。在好氧池中,有机物被好氧微生物生化降解,浓度进一步下降,有机氮被氨化继而被硝化,磷酸盐被聚磷菌过量摄取,浓度下降。最后混合液进入沉淀池,进行泥水分离,上清液作为处理水排放,沉淀污泥的一部分回流厌氧池,另一部分作为剩余污泥进入污泥脱水工段,排出系统。

　　A²/O 工艺用于处理农村生活污水,优点主要有:(1)活性污泥沉降性能

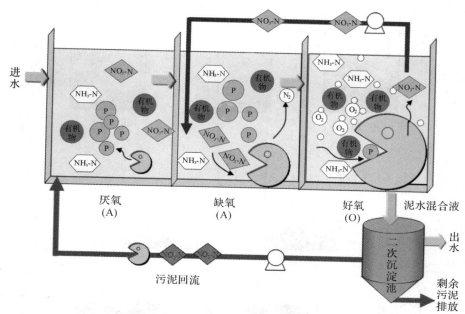

图 2-25　厌氧-缺氧-好氧同步脱氮除磷(A²/O)工艺流程示意图

好,泥-水分离彻底,不易发生污泥膨胀;(2)活性污泥含磷率高,一般含磷为 2.5%以上,农用价值高;(3)该工艺氮去除率可达到 80%以上,磷去除率可达到 75%以上,出水水质好。

　　A²/O 工艺用于处理农村生活污水,缺点主要有:(1)工艺操作相对复杂,管理技术水平要求高;(2)工程建设及设备投入相对较高。因此,A²/O 工艺适用于含一定工业污水、污水处理量较大乡镇集中式生活污水处理厂。

46. 什么是 SBR 工艺?有何特点?

　　SBR 是 Sequencing Batch Reactor 的英文简称,即序批式反应器。SBR 是美国在 20 世纪 70 年代发展起来的一种集曝气池、二沉池于一体,按一定时间顺序间歇操作运行的污水生物处理反应器。SBR 处理污水一个完整的间歇操作运行主要包含 5 个阶段,即进水期、反应期、沉淀期、排水排泥期、闲置期(图 2-26)。污水中污染物主要在反应期通过活性污泥分解代谢、吸收利用作用得到去除。一体化小型地埋式 SBR 污水处理系统如图 2-27 所示。

　　SBR 的主要优点有:

　　(1)与传统活性污泥工艺相比较,SBR 不设二沉池,没有污泥回流设备。SBR 内的活性污泥在 SBR 沉淀期沉降而留在反应器内。

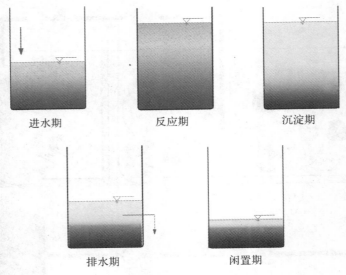

进水期　　　　　反应期　　　　　沉淀期

排水期　　　　　闲置期

图 2-26　SBR 运行周期示意图

图 2-27　一体化小型地埋式 SBR 污水处理系统

（2）操作灵活。可以通过控制 SBR 曝气泵的启停，创造池内反应期厌氧、好氧交替环境氛围，有利于污水脱氮除磷的功能性微生物生长、代谢。

（3）耐冲击负荷能力强。SBR 闲置期池内有滞留的泥水混合物，对进入池体的污水有稀释、缓冲作用，可有效缓解由污水污染物浓度急剧变化对 SBR 系统产生的冲击。

（4）工艺流程简单，只有一个反应池，形成时间上的推流，因此，占地面积小，基建投资省。适用于用地面积较为紧张地区的生活污水和间歇排放的中低浓度工业废水处理。

对于农村生活污水处理来说其缺点是:管理技术水平要求较高,要求专业人员运维,与生态处理工艺相比,运行费用相对较高。采用自动化控制设计可使技术管理简单化,但系统维修复杂,对于水量较少、管理不便的地方尽量少用这一工艺。

47.什么是氧化沟? 有哪些典型的类型?

氧化沟是 20 世纪 50 年代由荷兰的 Pasveer 教授研发设计的一种污水生物处理技术,是活性污泥法的一种。氧化沟基本特征是在一个环形封闭的沟渠内,配备曝气设备,使得污水和活性污泥混合液在其中循环流动,其基本工艺流程如图 2-28 所示。

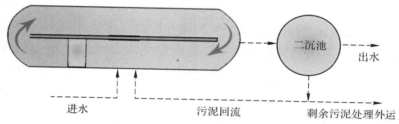

图 2-28 氧化沟污水处理工艺流程

氧化沟主要有连续工作式、交替工作式、一体式三种。连续式氧化沟进、出水流向不变,氧化沟只起到曝气作用,系统设有二沉池,常见的有卡鲁塞尔(Carrousel)氧化沟(图 2-29)、奥贝尔(Orbal)氧化沟(图 2-30)。交替工

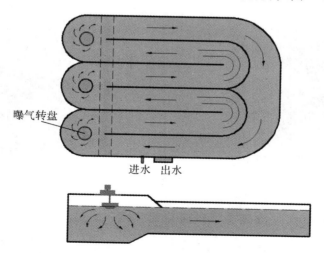

图 2-29 卡鲁塞尔氧化沟

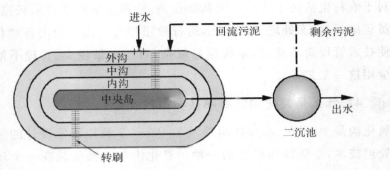

图 2-30　奥贝尔氧化沟

作式氧化沟不设二沉池,有双沟式和三沟式两种形式。双沟式氧化沟,A、B
两个氧化沟交替作为曝气池和沉淀池。三沟式氧化沟由三个相同氧化沟组
成,B沟两侧的 A、C 两氧化沟交替作为曝气池和沉淀池,B沟一直为曝气池
(T 型氧化沟)。一体式氧化沟又称合建式氧化沟,是指二沉池建在氧化沟
内的一种氧化沟形式,如船形一体式氧化沟。与传统活性污泥法相比较,氧
化沟处理负荷低、污泥泥龄长(10~30 天)、占地面积较大,一般用于规模化
污水处理厂(图 2-31)。

图 2-31　某污水处理厂氧化沟构筑物

48. 什么是立体循环一体化氧化沟?

立体循环一体化氧化沟技术是由中国科学院生态环境研究中心研发的
适用于农村生活污水处理的新技术(图 2-32)。该技术是将传统氧化沟污水与活性污泥混合液的平面循环改为立体循环,并将污水处理过程的好氧区、缺氧区和固液分离区有机结合,无需污泥回流设备,既保留氧化沟设备运行操作简单等优点,又可减少占地面积。该技术已在我国多处进行了推广应用。

图 2-32　立体循环一体化氧化沟

49. 什么是生物膜？生物膜净化污染物的基本原理是什么？

当富含营养元素的污水与滤料等载体长期流动接触,大量微生物会在载体表面附着生长,形成由微生物细胞、胞外多聚物与吸附的有机无机物组成的膜状生物污泥,即生物膜。生物膜在自然界广泛存在,如河水底部石子表面、污水管道表面及污水处理池填料表面(图 2-33、34)。生物膜主要是由细菌(好氧菌、厌氧菌和兼氧菌)、真菌、原生动物(肉足类、鞭毛虫类、纤毛虫类等)和后生动物(旋轮虫、双胃线虫、水丝蚓等)组成,有时也会在其表面生长一定的藻类。

图 2-33　污水管表面附着的生物膜

图 2-34　污水处理池填料表面附着的生物膜

　　生物膜结构如图 2-35 所示,由于氧气在生物膜表面和内部有浓度差,生物膜分成好氧层和厌氧层(没有氧气)两层。污水流过生物表面时,形成附着水层和流动水层。生物膜净化污染物(如有机物)基本原理如下:空气中的氧气先溶解至流动水层中,并通过附着水层传递给生物膜,供微生物利用;污水中的污染物则由流动水层传递给附着水层,然后进入生物膜,并通过细菌的代谢活动而被降解。微生物分解污染物产生的代谢产物如 H_2O

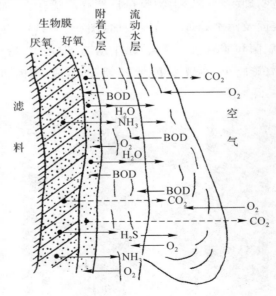

图 2-35　生物膜结构示意图

等则通过附着水层,进入流动水层,并随其排走,而 CO_2 及厌氧层微生物代谢产物如 H_2S、NH_3、CH_4 等气态物质从水层逸出进入空气。

50. 什么是生物膜法污水处理工艺? 有哪些类型? 有何特点?

生物膜法污水处理工艺是使细菌、原生动物、后生动物附着在载体表面生长繁殖形成生物膜,污水与生物膜接触,污水中污染物被生物膜中微生物摄取利用,污水得到净化,微生物得到增殖的一种工艺。目前,常用的生物膜法污水处理工艺有生物滤池、生物转盘、生物流化床、生物接触氧化四种类型。

与传统活性污泥法相比较,生物膜法污水处理工艺的主要特点如下:

(1)微生物种类多、生物食物链长、微生物量大。生物膜法污水处理工艺中微生物附着在载体表面生长,免受活性污泥法中曝气、搅拌的强烈冲击,有利于生长缓慢的微生物如硝化菌在系统内持留,生物膜中除细菌外还存在大量真菌、原生、后生动物,微生物种类丰富,食物链长,污水处理中新增的生物量可被高次营养水平生物摄取利用,减少剩余污泥量。另外,微生物附着在载体表面生长,生物膜含水率较低,单位体积内生物量可高达活性污泥法的 5~20 倍,净化能力显著提高。

(2)污泥沉降性能好,宜于固液分离。生物膜增长到一定厚度后,会从载体表面脱落下来,形成污泥。这种污泥含有动物成分较多,比重较大,个体较大,沉降性能较好,宜于固液分离。

(3)能够处理低浓度污水。传统活性污泥处理系统,进水 BOD 长期低于 50~60 毫克/升,活性污泥微生物将会因营养不足而受到影响。然而,生物膜法污水处理工艺能处理 BOD_5 为 20~30 毫克/升的污水,将 BOD_5 降至 5~10 毫克/升。

(4)运行维护简便。生物膜法污水处理工艺具有较高的污泥微生物量,不需要污泥回流。另外,生物滤池、生物转盘等工艺不需要空气泵曝气,节约能源,运行维护简便。

51. 什么是生物滤池? 生物滤池净化污水的基本工作原理是什么?

生物滤池是以土壤自净原理为依据,在污水灌溉基础上发展起来的污水好氧生物处理工艺,其结构如图 2-36 所示。生物滤池一般由池体、滤料、布水设备及排水系统四部分组成,其中滤床由滤料组成,是生物滤池的主体。通常情况下,一般选用砾石、卵石、炉渣、焦炭或塑料制品作为滤料。另外,池体形状有圆形、方形,也有多边形,其中以圆形居多。

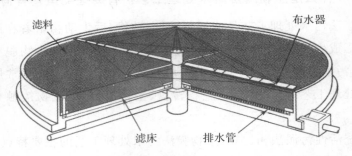

滤料　　　　　　　　　　　　　　布水器

滤床　　　排水管

图 2-36　生物滤池的结构

污水通过布水器长时间均匀喷洒在滤料表面,污水自上而下流经整个滤床。微生物将在污水长期流经的滤料表面附着生长,形成生物膜。污水中的悬浮物被滤料截留,滤料表面的微生物吸附污水中的有机物等污染物质(微生物生长所需营养物),并对这些污染物进行分解、代谢合成自身物质,同时污水污染物得到去除,即污水得到净化。

52. 什么是曝气生物滤池(BAF)？ 工作原理是什么？

曝气生物滤池(Biological Aerated Filter,BAF)是 20 世纪 70 年代末 80 年代初出现于欧洲的一种生物膜法污水处理工艺。BAF 是在生物接触氧化工艺基础上,引入了给水处理领域滤池过滤-反冲洗思想的一种工艺。设有曝气生物滤池的污水处理工艺流程图,如图 2-37 所示。

BAF 构筑物主要由生物反应过滤区、曝气装置和反冲洗装置组成,其结构如图 2-38 所示。

53. 什么是生物转盘？ 生物转盘的基本结构及其特点如何？

生物转盘是 20 世纪 60 年代原联邦德国开创的生物膜法污水处理技术。生物转盘的污水处理工艺流程图如图 2-39 所示。生物转盘初期用于生活污水处理,后来推广应用于市政污水和工业有机废水的处理。随着生物转盘设备和机构的不断完善,生物转盘技术已被公认为是一种处理效果好、耗能低的污水生物处理技术。

生物转盘主要由盘片、转轴、动力装置、接触反应槽四部分构成

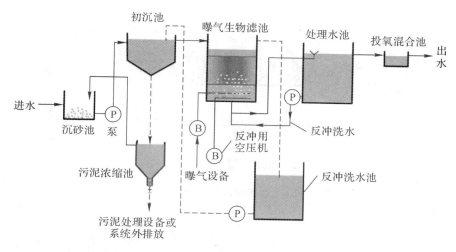

图 2-37　设有曝气生物滤池的污水处理工艺(P:泵;B:空压机)

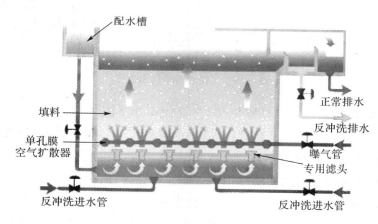

图 2-38　曝气生物滤池的结构示意图

(图 2-40)。

(1)盘片按照一定间距固定在转轴上。盘片上附着生物膜,是生物转盘净化污水的主要部件。盘片一般具有轻质、强度高、耐腐蚀、不易变形、比表面积大、易挂膜、便于安装等特点,常用的材料有聚乙烯、聚氯乙烯、玻璃钢、铝合金等。

(2)转轴是支撑盘片并带动其旋转的部件,安装固定于接触反应槽的支座上。转轴一般采用实心钢轴或者无缝钢管,长度一般在 0.5~7.0 米之间,直径 50~80 毫米。

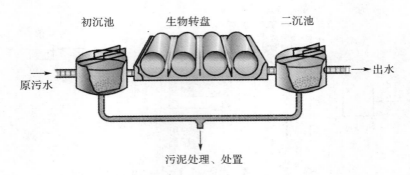

图2-39　生物转盘污水处理工艺流程图

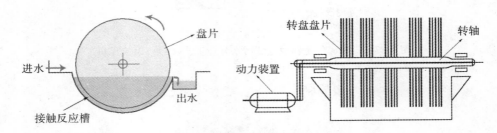

图2-40　生物转盘结构示意图

（3）动力设备有电力机械传动、空气传动和水力传动等，其中电力传动在我国较为常用。对大型转盘，一般一台转盘设一套动力设备，中小型转盘可用一套动力设备驱动3～4级转盘转动。转盘转速应控制在0.8～3.0转/分钟，转盘外缘的线速度以15～18米/分钟为宜。

（4）接触反应槽是与盘片相吻合的半圆形槽，其尺寸根据转盘的直径和轴长确定，设计时应保证使不小于盘片直径的35%浸没于接触反应槽污水中。

生物转盘净化污水的具体过程：动力装置驱动转轴，转轴带动盘片缓慢转动使盘片上的生物膜交替接触污水与空气；盘片浸没在接触反应槽污水中时，盘片生物膜吸附污水中的污染物，当它转出水面时，生物膜微生物又从空气中吸收氧气，使生物膜上吸附的污染物被微生物氧化分解；随着转盘的不断转动，污水得到净化。

54. 什么是生物接触氧化技术？

生物接触氧化，又称"淹没式生物滤池"，是介于活性污泥法与生物滤池之间的污水生物处理技术。生物接触氧化池内填装填料,填料完全"淹没"在污水中,填料表面布满以生物膜形式存在的微生物,同时采用与曝气池相同的曝气方式向池体内供氧,满足好氧微生物代谢需求,对泥水混合液有搅拌、混合作用,污水与微生物广泛接触,通过微生物的新陈代谢作用,污水中的有机物、营养盐等污染物被微生物分解利用,水质得到净化。生物接触氧化池基本构造及生物接触氧化池污水处理工艺流程如图 2-41 所示。

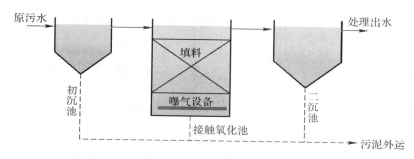

图 2-41 生物接触氧化池污水处理工艺流程

原污水经过初沉池处理后进入接触氧化池,经过接触氧化池的处理后进入二沉池,在二沉池进行泥水分离,从填料上脱落下来的生物膜,形成污泥排出系统,二沉池上清液作为处理出水排放。

55. 生物接触氧化污水处理技术有哪些特点?

生物接触氧化污水处理技术具有如下显著特点:

(1)生物接触氧化池使用多种形式的填料,池体采用空气泵曝气,池体内形成气、液、固三相共存体系,这种体系有利于氧的传递,溶解氧充沛,适合好氧微生物增殖。

(2)由于曝气,生物膜表面不断受到曝气吹脱,有利于保证生物膜的活性,抑制厌氧膜的增殖,有利于提高氧的利用率,能够维持高浓度的活性生物量,每平方米填料表面的活性生物膜量折算成 MLSS 可达 13 克/升(活性污泥法 MLSS 一般在 5~6 克/升),由此,生物接触氧化技术体积负荷率高,处理效率高,池体占地面积小。

(3)污泥沉降性能好,不需污泥回流,不产生污泥膨胀问题,污泥运行维护简便。

(4)具有较好的耐冲击负荷能力,可以间歇运行,适合处理间歇排放的中低浓度的废水,如农村生活污水等。

(5)生物接触氧化技术具有滤池、活性污泥法的通病,如设计或运行不当,填料可能出现堵塞,此外,池体内进水布水和曝气难以均匀,局部易出现死角。

目前,生物接触氧化技术已广泛用于农村生活污水处理,成为使用频率最高的技术之一。

56.生物接触氧化污水处理技术常用填料有哪些类型？各填料有何特点？

填料是生物接触氧化工艺净化污水的关键部件,目前常用填料主要有如下几种类型:

(1)软性填料。在纵向悬挂的纤维绳上绑扎一束束人造纤维丝(纤维束)。这种填料空隙可变,气水配布好,不堵塞,重量轻(2～3 千克/米³),容易安装;缺点是易结团,难清洗,纤维束结团后微生物附着的有效面积降低。

(2)半软性填料。由高分子聚合物制成,可保持一定形状,有较强的再次布水、布气的能力,也有一定变形能力,可克服软性填料结团的缺点(图 2-42)。

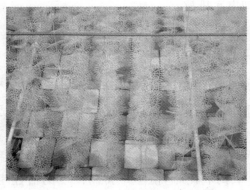

图 2-42　污水处理池中的半软性填料

(3)弹性填料。采用高分子聚合物并加入抗氧剂、亲水剂、稳定剂、吸附剂等添加剂,经过特殊拉丝形成有小毛刺结构的材料(图 2-43)。这种填料本身有一定的强度,不易搭接。

(4)组合填料。在软性填料基础上改进的一种填料,纤维束在中间塑料

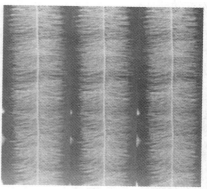

图 2-43　污水处理池中的弹性填料

环片的支撑下，避免填料中心结团，又具有良好的水流分配和气体分配的作用，与污水接触与传质条件良好，如盾形填料（图 2-44）

图 2-44　盾形填料

　　（5）不规则粒状填料，如焦炭、活性炭、蜂窝球等，粒径一般由几毫米至数十毫米。这类填料表面粗糙，易于微生物附着生长形成生物膜，易于就地取材、价格便宜，然而，这类填料水流阻力大，可能会出现堵塞现象。

　　（6）竹填料。该填料以竹材为主材经手工或机械编制而成，由于竹材是生物膜的载体，与微生物有良好的亲和性，具有挂膜快、适用范围广、寿命长等特点，是生物接触氧化污水处理池中常用的填料。根据竹填料编制方式，主要分为卷帘式竹填料（图 2-45）和竹球填料（图 2-46）两种。由于竹填料竹材是竹子，竹填料废弃后可作燃料，具有无毒、容易处理的优点，不易产生二次污染。

(a) 卷帘式竹填料安装 　　　　(b) 污水厌氧处理池中的卷帘式竹填料

图 2-45　卷帘式竹填料

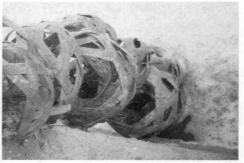

(a) 竹球填料安装 　　　　(b) 竹球填料表面生物膜

图 2-46　竹球填料

57. 什么是污水自然处理系统？农村地区哪些自然资源可用于建设污水自然处理系统？

利用自然生态系统使废水水质得到净化的过程称为自然处理系统。目前,常用的污水自然处理系统包括土地处理、人工湿地、稳定塘(厌氧塘、好氧塘、兼氧塘和曝气塘)处理 3 种类型。

我国农村地区,特别是南方地区,天然或人工沟塘、堤岸资源丰富,经人工改造后可作土处理系统、人工湿地、稳定塘等,可用于农村生活污水自然处理。

58. 什么是湿地？什么是人工湿地？

关于湿地公认的最全面的定义来自《国际湿地公约》，该公约指出湿地系指天然或人工、常久或暂时之沼泽地、湿原、泥炭地或水域地带，带有静止或流动、或为淡水、半咸水或咸水水体者，包括低潮时水深不超过 6 米的水域。通俗地讲，湿地是陆地生态系统和水生生态系统之间的过渡地带，该地带水位常年接近地表，或者为浅水覆盖，如图 2-47 所示。

图 2-47 天然湿地

湿地是地球上具有多种独特功能的生态系统，它不仅为人类提供大量食物、原料和水资源，而且在维持生态平衡、保持生物多样性和珍稀物种资源以及涵养水源、蓄洪防旱、降解污染、调节气候、补充地下水、控制土壤侵蚀等方面均起到重要作用。

与湿地不同，人工湿地是人工建造的、可控制的和工程化的湿地系统（图 2-48）。人工湿地是在一定长、宽比及底面具有坡度的洼地中，填装砾石、沸石、钢渣、细砂等基质混合组成基质床，床体表面种植成活率高、吸收氮磷效率高的芦苇等水生植物，污水在基质缝隙或者床体表面流动，所形成的具有净化污水功能的人工生态系统。人工湿地的设计和建造主要强化了自然湿地生态系统中截留、吸附、转化分解有机物、氮磷等污染物的物理、化学和生物过程。

图 2-48　人工湿地

59. 人工湿地净化污水的基本原理是什么？

人工湿地主要通过基质、微生物、植物，经过物理、化学和生物作用实现污水中有机物、氮磷等污染物的去除。

(1)基质作用。污水流经湿地系统时，水流中的悬浮固体颗粒直接在基质颗粒表面被拦截。水中悬浮固体颗粒和溶解性污染物迁移到基质表面时，容易通过基质表面的黏附作用而去除。此外，由于湿地床体长时间处于浸水状态，床体很多基质区域内形成土壤胶体，土壤胶体本身具有极大的吸附性能，也能够截留和吸附进水中的悬浮固体颗粒物和溶解性污染物。

(2)植物的作用。湿地植物是人工湿地污水处理系统中的重要部分，是人工湿地可持续性去除污染物的核心。首先，植物通过吸收同化作用直接从污水中吸收富集营养物质，如氮和磷等，最后通过植物收割而使这些物质离开水体。其次，湿地植物根系密集、发达(图 2-49)，交织在一起拦截固体颗粒，降低污水悬浮物浓度。再次，植物根系为微生物的生长提供了营养、氧及附着表面，从而提高了整个人工湿地系统的微生物量，促进微生物分解代谢污水中污染物的作用。最后,植物还能够为水体输送氧气,有利于微生物进行好氧分解代谢污水污染物(图 2-50)。

(3)微生物作用。人工湿地系统中的微生物是降解水体中污染物的主

图 2-49　发达的湿地水生植物根系

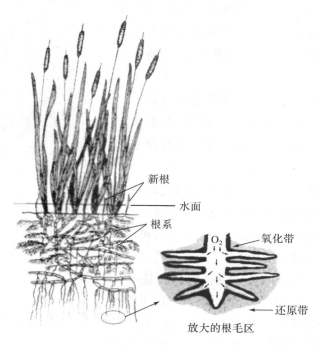

图 2-50　植物根系的氧气传递

力军。在湿地环境中存在着大量的好氧菌、厌氧菌、硝化细菌、反硝化细菌。通过微生物的一系列生化反应,污水中的污染物都能得到降解,污染物一部分转化成为微生物生物量,一部分转化成对环境无害的无机物质回归到自然界中。此外,人工湿地系统中还存在一些原生动物、后生动物,甚至昆虫,它们也能参与吞食湿地系统中的有机颗粒,同化吸收营养物质,在某种程度上去除污水中污染物。

60.人工湿地技术用于处理农村生活污水有哪些优缺点?

人工湿地是目前我国农村生活污水处理中应用最广泛的技术,非常适合我国农村生活污水处理,是目前我国大力推广的污水处理技术之一。其主要优点有:

（1）运行费用低。这一特点是人工湿地在农村大面积推广的重要原因。在有一定地形高差的区域,人工湿地运行完全不需耗能,也无需投加任何药剂。

（2）运维便利,技术要求低。对于正常运行的人工湿地,其日常维护仅为进水出水水管清淤、植物收获、除杂草等简单工作,不需要专业人员的维护。

（3）处理效果好。只要按规范设计、施工,人工湿地处理系统出水效果稳定,出水水质好,耐冲击负荷能力强,可以满足现有国家污水排放要求(图2-51)。

图2-51　人工湿地进出水对比

（4）景观效果好,可有机地与周边环境协调,不同的湿地植物间合理搭配,可以成为自然景观的一部分(图2-52)。因此,在绿地充裕的农村地区可广泛采用,可将绿地改造成人工湿地污水处理系统,而不额外占用土地。

人工湿地尽管有不少优点,但并非是一种“普适”技术,仍存在着不足,在某些区域不宜采用。其主要缺点有以下几点:

（1）占地面积大。由于人工湿地依赖于自然处理,处理面积负荷低,当水量较大时,其占地相当可观。如当地无合适的绿地、废弃塘、池等可以利用,建造人工湿地将会占用大量土地,限制了该技术的推广应用。

图 2-52　景观性人工湿地

（2）易受病虫害影响。当植物系统选择不当时，病虫害会影响植物的生长，进而影响其污水处理效果。

（3）工作机制复杂，设计运行参数难以量化计算，这给在水质水量、地理气候条件复杂的农村地区开展工程设计带来了一定程度的困难，很多情况下需凭经验开展设计工作。

61.人工湿地主要有哪几种类型？

按照污水流经方式不同，人工湿地通常分为表面流人工湿地和潜流人工湿地 2 种类型。按照污水在湿地中水流方向不同，潜流人工湿地又可分为水平潜流型人工湿地、垂直潜流型人工湿地、以垂直流与水平流组合的复合型潜流人工湿地 3 种类型。

（1）表面流人工湿地：水面在湿地基质层以上，水深一般为 0.3～0.5 米，流态和自然湿地类似（图 2-53）。

（2）水平潜流型人工湿地：水流在湿地基质层以下沿水平方向缓慢流动（图 2-54）。

（3）垂直潜流型人工湿地：污水一般通过布水设备在基质表面均匀布

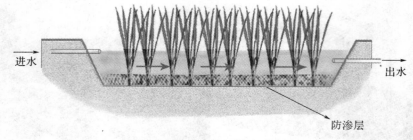

图 2-53　表面流人工湿地示意图

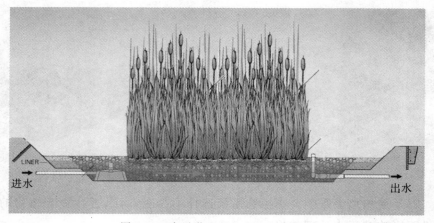

图 2-54　水平潜流型人工湿地示意图

水，垂直渗透流向湿地底部，在底部设置集水层（沟）和排水管（图 2-55、56）。

图 2-55　垂直潜流型人工湿地俯视图

（4）复合型潜流人工湿地：水流既有水平流也有垂直流，水平流与垂直流组合形式多样。

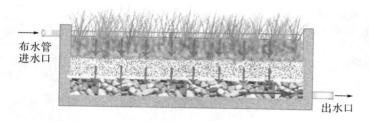

图 2-56　垂直潜流型人工湿地立面示意图

62. 人工湿地常用的基质主要包括哪些？通常是怎么排列的？

人工湿地的基质是人工湿地处理污水的核心之一，基质粒径、矿物成分、排布方式等直接影响到污水处理的效果。目前人工湿地基质主要由土壤、砾石、煤渣、粗砂、细砂，以及某些生产废弃物等组合而成。不同的设计目的、不同类型湿地基质层填料的排列各有不同，总体上来说，基质层填料是上细下粗、分层排布。图 2-57 是一种较典型的排布方式，其中基质层上部的细砂层上可考虑覆盖 5～10 厘米的土层，以利于种植植物。

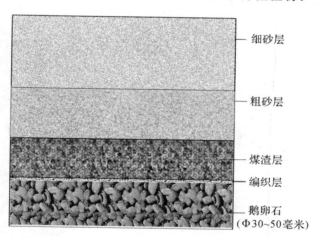

图 2-57　一种典型的人工湿地基质排列方式

63. 常用的人工湿地植物有哪些，如何选择？

按照植物在水中的生长形式，湿地植物常分为：

（1）挺水植物：常用有美人蕉、芦苇、菖蒲、再力花、水葱、灯芯草、千屈菜、纸莎草、花叶芦竹等（图 2-58）。

图 2-58　常见的挺水植物

　　(2)浮水植物:常见有浮萍、睡莲、水葫芦、水芹菜、李氏禾、水蕹菜、豆瓣菜等(图 2-59)。

　　(3)沉水植物:如软骨草属、狐尾藻属和其他藻类等(图 2-60)。

图 2-59　常见浮水植物

图 2-60　沉水植物——黑藻

在选择湿地植物时,可从以下五个方面考虑:

(1)尽量选用当地常见植物。本土植物一般更易成活,具有较强的生长竞争力,同时也易于与周边的生态景观融合,不至于独立于环境之外。同时,也无外来物种入侵的问题。如果必须选用外来物种的,在建设人工湿地时应谨慎选择植物物种,以避免外来物种入侵的问题。

(2)选用耐污除污能力强的植物。建立人工湿地的目的是要去除污水中的污染物。因此,需要选择除污能力强的植物种植。耐污染、除污力强的植物需要用科学方法筛选得到,经过大量科学研究表明,不少普通植物都具有很好的去污能力。通常如芦苇、美人蕉、再力花、水葫芦、菖蒲等具有较强的去污能力,也是各种类型人工湿地常用植物。

(3)选用根系发达的植物。发达的植物根系可以分泌较多的根分泌物,为微生物的生存创造良好的条件,从而促进湿地植物根际微生物对污染物的分解转化,提高人工湿地污水净化能力。植物根系在人工湿地基质床体表面,笼络土壤和保持植物与微生物旺盛生命力等方面发挥着重要作用。所以选择根系发达的植物既能提高人工湿地对污染物的去除能力,也有助于人工湿地生态系统的健康发展。

(4)选用生长期长的多年生植物。植物生长期越长,维持较高的污水净化效果就越持久。另外,多年生植物可减少收割、复种等运行维护工作量。

(5)选用景观较好的植物(如荷花、芦苇、菖蒲、美人蕉等)或具有一定经济价值的植物,如茭白、空心菜以及可作为动物饲料用的苜蓿等。在环境优美的农村地区,要充分考虑景观效果,在人工湿地处理出水稳定达标的同时,不影响整体的景观。人工湿地可选择一种或多种植物作为优势种搭配栽种,增加植物的多样性,并强化人工湿地景观效果。

64. 人工湿地结构设计主要有哪些内容？设计时需要注意哪些事项？

人工湿地结构设计内容一般包括池体、配水装置、集水装置、防渗层、基质层、湿地植物和附属构(建)筑物等设计。设计时,需要注意如下事项:

(1)池体:一般采用砖混结构,底板采用混凝土结构,水平潜流人工湿地中为保证水流在池体中形成良好的推流状态,可适量增设挡墙。

(2)配水、集水设施:根据人工湿地类型、水质水量特点和设计负荷,选择配水、集水管材型号、尺寸等。

(3)防渗层:防渗层是为了防止由于污水渗透产生地下水污染而在人工湿地底层铺设的一层透水性极差的物质,可以是混凝土底板,也可以是黏土层或高分子材料,其中黏土层防渗效果较差;但黏土层防渗工程防渗投资小,可就地取材,适用于经济条件不好的区域,对于经济条件允许的地区不建议采用。

（4）基质层:基质层是污水处理的核心,选用材料应符合价廉、易得、除污性能好等方面的要求。设计基质层时,应重点考虑污水水质特点、去除污染物效果。另外,基质应合理组配,防止系统堵塞。切忌随意填充基质层,如果需要改变原设计基质层,应与设计单位沟通,在设计单位指导下调整基质层成分与结构。

（5）湿地植物:依据湿地植物选择原则的要求,科学合理地选择湿地植物种类与栽培方法。

（6）附属构（建）筑物:如果人工湿地污水处理系统中需要配置提升泵、曝气池等用电设备,在设计时还应包括供配电设施、电气设备、安全防护、警示设施等的设计。

另外,人工湿地结构设计除应考虑其基本组成结构外还应对该系统安全防护设施进行设计。

65. 人工湿地尺寸主要有哪些要求?

目前,人工湿地污水处理系统的设计常常很随意,很多污水处理系统的设计达不到污水处理的实际要求,因此使污水处理的效果难以达到理想状态,运行也不稳定。根据《人工湿地污水处理工程技术规范》(HJ 2005—2010),潜流人工湿地几何尺寸设计,应符合下列要求:

（1）水平潜流人工湿地单元的面积宜小于 800 平方米,垂直潜流人工湿地单元的面积宜小于 1500 平方米;

（2）潜流人工湿地单元的长宽比宜控制在 3∶1 以下;

（3）规则的潜流人工湿地单元的长度宜为 20～50 米,对于不规则潜流人工湿地单元应考虑均匀布水和集水的问题;

（4）潜流人工湿地水深宜为 0.4～1.6 米;

（5）潜流人工湿地的水力坡度宜为 0.5%～1%。

表面流人工湿地几何尺寸设计,应符合下列要求:

（1）表面流人工湿地单元的长宽比宜控制在 3∶1～5∶1,当区域受限,长宽比＞10∶1 时,需要计算死水曲线;

（2）表面流人工湿地的水深宜为 0.3～0.5 米;

（3）表面流人工湿地的水力坡度宜小于 0.5%。

66. 人工湿地设计的主要工艺技术参数包括哪些?

人工湿地设计主要工艺参数包括有机负荷、水力负荷和停留时间。目前,人们常把人工湿地处理效果不理想归咎于其污水处理能力,实际上大多数原因是由于设计单位设计参数设置不合理造成的。合理的设计参数是人工湿地达到理想处理效果的保证。《人工湿地污水处理工程技术规范》(HJ2005—2010)中规定人工湿地技术参数设计要求(表2-2)。对于污染物浓度高、水质水量波动大的,取值应尽量小一些。

表3-2　人工湿地设计主要技术参数(HJ2005—2010)

人工湿地类型	BOD₅ 负荷 [千克/(公顷·天)]	水力负荷 [米³/(米²·天)]	水力停留时间 (天)
表面流人工湿地	15～50	<0.1	4～8
水平潜流人工湿地	80～120	<0.5	1～3
垂直潜流人工湿地	80～120	<1.0(建议值:北方 0.2～0.5,南方 0.4～0.8)	1～3

用于农村生活污水的人工湿地设计技术参数取值可根据当地气候条件、工程投资规模确定。

67. 什么是污水土地处理技术? 有哪些类型?

污水土地处理技术是污水农田灌溉技术基础上发展起来的一种污水处理技术,它是污水经过一定的前期处理,在人工控制条件下,按照一定的表面负荷投配在土地上,利用土壤-微生物-植物生态系统土壤物理过滤、物理与化学吸附、化学反应、化学沉淀、微生物代谢、植物吸收利用等的物理、化学和生物作用,降低污水污染物浓度,使污水得到净化,同时污染物和水分在自然界得到循环利用。

在我国研究和应用比较多的污水土地处理技术类型有快速渗滤处理土地处理技术(图2-61)、慢速渗滤处理技术(图2-62)、污水地下渗滤处理技术(图2-63)以及地表漫流渗滤技术(图2-64)。

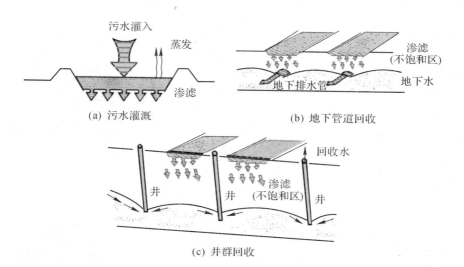

(a) 污水灌溉

(b) 地下管道回收

(c) 井群回收

图 2-61 快速渗滤系统示意图

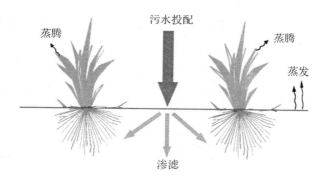

图 2-62 慢速渗滤系统示意图

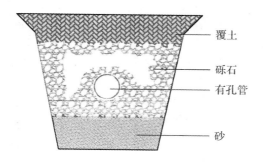

图 2-63 地下渗滤系统示意图

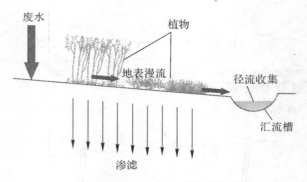

图 2-64　地表漫流渗滤系统

68. 污水土地处理技术有什么优缺点？适用范围有哪些？

污水土地处理技术与其他污水生物处理技术相比具有投资省、节能、运行费用低等优点。污水在被处理的同时作为一种资源被加以利用。例如，污水中的营养物质和水能被农作物、牧草和林木所吸收。污水土地处理技术的不足之处在于单位面积负荷低，停留时间长，占地面积相对较大，且一旦防渗措施不好、管理不善可能会造成地下水污染和原土地的污染。

土地处理技术工艺适用于经济条件较差、土地面积较为丰富且地下水位较低的农村地区生活污水处理。不同污水土处理技术类型的适用条件如表 2-3 所示。

表 2-3　各污水土地处理工艺适用条件

项目	慢速渗滤	快速渗滤	地表渗滤	地下渗滤
污水投配方式	喷灌、地面投配	地面投配	喷灌、地面投灌	地下布水
水力负荷（米/年）	0.5～6	6～125	3～20	0.4～3
预处理	需要沉淀	需要沉淀	需要沉淀	化粪池处理
要求土地灌水面积 [100 米²（米³·天）]	6.1～74	0.8～6.1	1.7～11.1	1.3～15
是否需要种植植物	需要	需要	需要	需要
适用土壤	渗水性适当	快速渗水、沙质土、亚砂土	缓慢渗水、亚黏砂土	—
地下水位最小深度（米）	−1.5	−4.5	—	
对地下水的影响	有影响	有影响	影响不大	

续表

项目	慢速渗滤	快速渗滤	地表渗滤	地下渗滤
有机物负荷率 $[千克 BOD_5 /(10^4 米^2 \cdot 天)]$	50～500	150～1000	40～120	
土壤渗漏率	中等	高	低	
场地坡度	种作物不超过20%,不种作物不超过40%	不受限制	2%～8%	
运行管理	种作物时,应严格管理,系统寿命长	管理简单,磷可能限制系统寿命	运行管理严格,寿命长	

69. 什么是蚯蚓生态滤池？其工作原理是什么？有何优缺点？

蚯蚓生态滤池是在生物滤池污水处理系统中引入蚯蚓,利用蚯蚓吞食有机物、提高土壤通气透水性能,蚯蚓与微生物的协同作用等生态学功能而设计的一种污水生态处理工艺。蚯蚓生态滤池的结构如图 2-65 所示。

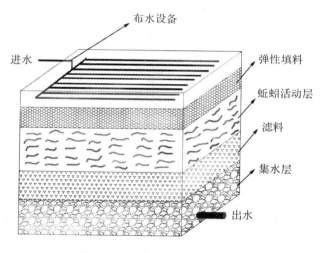

图 2-65　蚯蚓生态滤池结构图

蚯蚓主要以污水中的有机悬浮物、生物污泥及部分微生物为食料,降解污染物质过程中所产生的蚓粪及蚯蚓磨碎的大块有机物有利于微生物的生长繁殖;蚯蚓穿梭觅食能增加滤池的氧含量,改善滤池内污泥积累,防止蚯蚓生存环境恶化;滤料层中的蚓粪可以吸附污水中的有机物和 NH_3-N,提高了滤池的硝化能力,保证出水水质和污泥的减量化稳定。

蚯蚓生态滤池用于污水处理的优点有:基建及运行管理费用低,氮磷去除能力强,占地面积相对较小,处理出水水质好;缺点是:蚯蚓对湿度环境有一定的要求,不能长期滞水。因此,水力负荷不宜过高,有机负荷不宜过大,当污染负荷超过蚯蚓的摄食能力时,有机物会在滤料层积累腐败,影响蚯蚓的生存环境。除此以外,蚯蚓的生存活动对温度较为敏感,因此,水温、气温对这一系统的效率影响较大。

70. 什么是多介质土壤混合层(MSL)技术?

多介质土壤混合层(Multi-Soil-Layering System,MSL)技术是日本于20世纪90年代开发的一种以土壤为主要基质的新型污水处理工艺技术。MSL系统主要由土壤混合层和通水层组成。土壤混合层(复合介质块)主要由土壤、有机物(如木屑、竹屑、稻壳等)、木炭、铁屑等材料以一定比例混合制作而成,通水层则采用粒径相同、渗透率大的材料,如沸石、珍珠岩、砾石等构成,其结构如图2-66所示。MSL技术通过不同介质合理的排布,强化了土壤的污水净化能力,提高了污水处理的效率。目前在我国已有不少MSL工程示范(图2-67)。

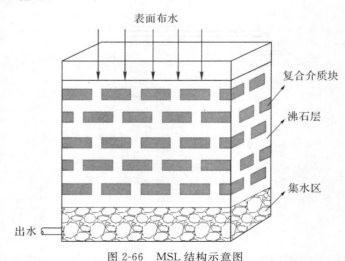

图2-66 MSL结构示意图

MSL技术具有以下主要优点:(1)可有效地防止系统堵塞。MSL通水层材料采用了粒径相同、渗透率大的材料,不仅可以大大提高系统的污水处理负荷,还有助于污水的均匀流动和有机污染物的分解,从而起到防止堵塞的作用。(2)占地面积小。由于 MSL 系统的水流为垂直方向,加上较大的污水处理负荷量,处理相同水量的污水所需要的土地面积只有人工湿地的1/2左右,因此,该技术不受土地面积狭小的限制,在土地资源匮乏的地区具有应用价值。(3)通过添加合适的材料,可以大大增强系统的去污能力,如

(a)MSL 污水处理工程全景

(b)MSL 处理工程出水

图 2-67 某村 MSL 工艺生活污水处理工程及其出水

铁屑可提高磷吸附量,它还可作为还原剂增强生物反硝化作用;有机物质可为微生物提供食物来源,为生物反硝化提供电子供体;木炭可作为吸附剂提高有机物分解和为微生物生长提供聚居地。另外,土壤层和通水层交叠成层,又能使系统内好氧与厌氧区域共存,使得硝化和反硝化过程可以同时进行。(4)运行成本低。该技术不需要消耗动力,系统使用寿命在 30 年以上,运行中不需要任何专业技术人员维护,管理方便。值得一提的是,MSL 系统中的材料可以利用当地易得的自然资源,价格低廉。而系统中的材料在系统拆除后可以作为土壤改良材料和园艺用土,特别是用后的沸石富含磷、铵根离子、钙、镁、钾等元素,可作为植物生长的介质,实现污水和土壤资源的循环利用。

71. 什么是氧化塘？氧化塘用于污水处理有什么优、缺点？

氧化塘,又称稳定塘,是以自然池塘为基本构筑物,通过自然界生物群体如微生物、藻类、原生动物、后生动物、水生植物以及其他水生动物净化污水的处理设施。根据塘水中溶解氧含量和生物种群类别及塘的功能可分为厌氧塘、兼性塘、好氧塘、曝气塘、生物塘 5 种。污水在塘中的净化过程与自然水体的自净过程相似,污水在塘内长时间贮留,通过塘内生物吸收、分解代谢污水中有机物、氮、磷等污染物。

氧化塘用于污水处理的主要优点是:(1)可以因地制宜,市郊或农村地区水塘均可改造成氧化塘,基建投资较少;(2)氧化塘主要通过池塘水体自然净化能力处理污水,除曝气塘的其他类型外氧化塘能耗输入少,处理费用低,便于人工运行维护;(3)氧化塘内形成菌藻、水生植物、浮游植物、底栖动物和鱼、虾、水禽等多级生物链,污水有机物、氮磷等可转化为水产动物饲料、青饲料等物质,实现污水综合利用。氧化塘用于污水处理主要的缺点是:(1)与生物反应器污水处理系统相比较,氧化塘处理负荷低,与之相应,氧化塘占地面积大;(2)氧化塘是自然开放系统,处理效率容易受到气候、气温影响,如冬季受气温低影响,微生物活性低,处理系统效率低;(3)氧化塘存在污染地下水、散发恶臭气体和滋生蚊蝇二次污染风险。

72. 氧化塘污水处理技术适用于哪些场合？

氧化塘适用于中、低浓度污水处理;适用于有水沟、低洼地或池塘的干旱、半干旱地区以及土地面积相对丰富的地区。在农村生活污水处理领域,氧化塘常作为污水组合处理工艺中的后端处理单元,置于厌氧处理单元、好氧处理单元或人工湿地、MSL等其他生态处理单元之后,主要用于进一步去除污染物,同时还可以暂时存储水体。通常情况下,氧化塘春夏季节用作污水处理池,秋冬季节用作污水存贮池塘。污水在氧化塘经过长时间停留后,可以用于农田灌溉、苗木浇水等进行农业综合利用。

73. 氧化塘净化污水的主要原理是什么?

好氧塘主要通过好氧细菌及藻类自身代谢活动净化污水,好氧细菌利用水中的溶解氧,代谢转化水体中可生物利用的有机物 BOD,转化为无机物质如 CO_2、氨氮、磷酸根等,同时合成自身细菌细胞物质。藻类则利用好氧细菌提供的二氧化碳、无机营养及水,发生光合作用合成自身有机物,形成新的藻类细胞,释放出氧气,供好氧细菌代谢利用。

兼性塘有效水深一般为 1~2 米,通常从上到下分为好氧层、兼性层、厌氧层。好氧层内,发生类似好氧塘的水质净化;兼性层内主要是兼性细菌(有氧气及无氧气均可以生活)利用氧气发生好氧代谢或者利用 NO_3^-,CO_3^{2-} 电子受体进行无氧代谢;厌氧层主要是沉积物和死亡藻类在厌氧细菌的作用下发生酸化、产甲烷反应,产生的二氧化碳及甲烷气体溢出池塘水面。氧化塘中污染物转化过程如图 2-68 所示。

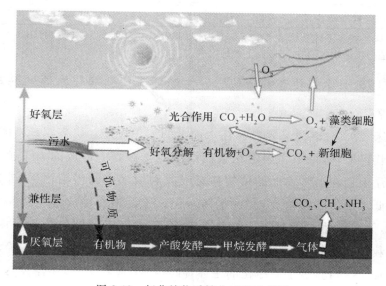

图 2-68　氧化塘物质转化过程示意图

厌氧塘深度在 3 米以上,厌氧塘净化污水主要依靠厌氧细菌的代谢功能,使有机底物得到降解,产生甲烷、二氧化碳气体。

74. 氧化塘的主要工艺设计参数有哪些?

氧化塘对污水中的污染物去除能力有限,过高的污水进水浓度、塘的工艺设计参数不合理都会影响氧化塘对污水污染物去除效率。通常情况下,进入氧化塘系统的污水水质应符合国家标准《污水综合排放标准》中的三级标准。根据《污水稳定塘设计规范》(CJJ/T54),氧化塘的主要设计参数应满足表 2-3 所示要求。在设计农村生活污水处理设施时,应充分做好前期调研工作,明确污水来源与污水水质,选择恰当氧化塘类型及工艺设计参数,以确保工程实施后做到水质达标。

表 2-3　氧化塘的主要工艺设计参数

常规塘型		BOD$_5$ 表面负荷 [千克 BOD$_5$/(10^4 米^2·天)]			有效水深(米)	处理效率(%)	进塘 BOD$_5$ 浓度(毫克/升)
		Ⅰ区	Ⅱ区	Ⅲ区			
厌氧塘		200	300	400	3～5	30～70	≤800
兼性塘		30～50	50～70	70～100	1.2～1.5	60～80	<300
好氧塘	常规处理塘	10～20	15～25	20～30	0.5～1.2	60～80	<100
	深度处理塘	<10	<10	<10	0.5～0.6	40～60	

*Ⅰ区是指年平均气温在 8℃以下的地区;Ⅱ区是指年平均气温在 8～16℃之间的地区;Ⅲ区是指年平均气温在 16℃以上的地区。

75. 什么是生态浮床(岛)? 生态浮床(岛)净化水质的基本原理是什么?

浮床、浮岛顾名思义是漂浮在水面上的人工设施。生态浮床/浮岛是利用无土栽培原理,将植物固定在水面漂浮的支撑物中形成的人工植物生长床。漂浮生长在水体表面的植物通过吸收利用水中的污染物(营养物质),从而降低水中污染物浓度,实现水体净化。该设施直接放置在待净化的水体表面,无需额外占用土地。生态浮床/浮岛的组成部分包括:(1)床体,它是植物栽种的支撑物,一般由密度低于水的材料制成,如聚苯乙烯泡沫板等。(2)浮床植物,是水质净化的主体,除考虑净水效果外,还需要考虑经济价值及景观效应。目前常用的植物材料一般为空心菜/水上竹叶菜、水芹菜、美人蕉、菖蒲、黑麦草等。浮床植物种类应根据当地气候、水质净化要求等通过实验筛选确定。(3)固定装置。预防浮床/浮岛受风浪影响发生位置变化。生态浮床(岛)基本结构如图 2-69 所示。

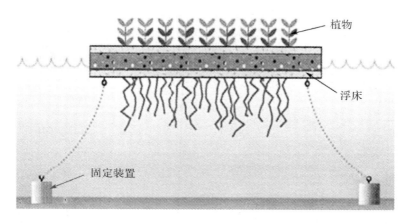

图 2-69　生态浮岛结构示意图

目前,生态浮岛在污水处理领域应用范围较广,图 2-70 是生态浮岛应用于农村生活污水处理的工程实景照片。

图 2-70　生态浮床水质净化工程

生态浮床(岛)是以植物为主体的净化水质的人工设施,净化污水的基本原理如图 2-71 所示。

(1)植物通过根系吸收氮磷等水体污染物为自身营养物质,转化生成自身生物量,当植物被人工收割后,污染物即被移出水体,达到净化水质的目的。

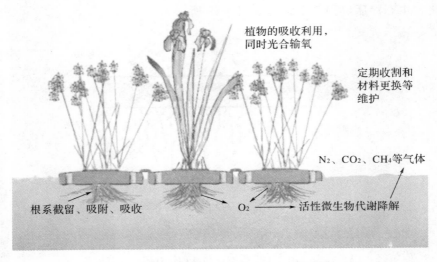

图 2-71　生态浮床(岛)水质净化基本原理图

（2）植物根系过滤水体悬浮物质。水生植物有大量须状根系（图 2-72），根系在与根分泌物共同作用下,可以拦截、沉淀、吸附与滤除水中的悬浮物及其他污染物,达到净化水质的效果。

图 2-72　浮床植物发达的根系

（3）植物根系表面附着生长的微生物分解代谢水中污染物。大量活的根系是微生物栖息的良好"温床"，根系表面聚集了大量活性微生物，在其与根系泌氧的协同作用下，加速水体中的污染物分解，实现水质净化。

76. 生态浮床床体可以自制吗？

浮床床体是生态浮床中的关键装备之一，国内市场拥有大量不同型号的可拼装的浮床床体模块，为生态浮床推广应用提供便利。然而，商品化床体模块价格一般较高，后期更换维护费用较高。农村污水处理工程中，我们可以就地取材，选择天然廉价的替代物自制生态浮床床体，具体方法有：（1）采用天然材料代替人工化学材料做浮床天然床体，如采用竹制品替代泡沫板做床体；（2）利用植物在水面蔓延生长形成天然浮床，植物茎上的不定根浸没在水中吸收水体氮磷。如池塘空心菜（水上竹叶菜）土埂斜坡栽培技术，即在池塘四周的半坡上种植空心菜：每年4月中下旬先在空地播籽培苗，5月初移栽菜苗到距池底1～1.5米之间的塘坡（以后为水位波动地带）上，种植间距为20～30厘米，待池塘水位逐渐升高，空心菜茎蔓及分枝会自然延伸到池塘内水面2～5米，形成空心菜的生态带。空心菜茎有节，每节除腋芽外，还可长出不定根，不定根浸没在水中吸收氮磷，净化水质。为防止水质腐败，一般通过割除方法控制空心菜面积占池塘总面积的10%～20%。该技术已经成功用于虾、蟹池塘养殖原位水质调控（图2-73）。

图2-73　池塘水面空心菜浮床（图片由湖州市水产技术推广站沈乃峰提供）

　　生态浮床维护应该特别注意由水体水位变化造成的浮床损毁（图 2-74）。

图 2-74　由于水体变化造成的浮床损毁

77. 什么是曝气喷泉？曝气喷泉增氧的基本原理是什么？

　　曝气是提高污水净化系统中池塘/人工湖溶解氧的主要措施之一。旅游景区污水处理塘、农家乐污水处理塘，可采用具备景观效应的曝气喷泉，在曝气增氧的同时，形成独特的水景（图 2-75）。曝气喷泉是一种通过专

图 2-75　用于池塘水质净化的曝气喷泉

门装置将水送至高空,水从空中跌落形成具有一定造型的喷泉,从而增加水体中溶解氧浓度的水体增氧方式。曝气喷泉增氧的原理是:(1)电动机带动水下叶轮高速旋转,将池塘水体直接提升以具有独特造型的喷泉的形式抛向空中,水体在空中与氧气接触,直接复氧;(2)叶轮搅动水体时,造成池塘表层水搅动,增加氧气与水体的接触面积,提高氧向水体的传递效率;(3)水体空中跌落时,扰动池塘表面水体,通过增加氧气与水体接触面积,增加池塘水体复氧效率;(4)水体被喷泉曝气机器提升的同时,池塘水体内形成垂直对流,携带氧气的池塘表层水与池底水交换,将氧气输入池底。

78. 什么是跌水曝气?如何提高跌水曝气效率?

跌水曝气是指水从高处自由跌落,增加水中溶解氧浓度的曝气方式。跌水曝气一般通过利用污水处理工程自然高差实现。跌水曝气中水体充氧过程主要包括:(1)水流跌落过程中,空气中氧气向水中转移,使水充氧气;(2)水流跌入水体时,由于水流对水体的冲击作用,使得一部分空气挟带入水体中,形成气泡,气泡中的氧气向水体扩散,提高水体溶解氧浓度。

在河道水污染生态治理中,常常采用跌水曝气提高水体自净能力、增加水溶解氧(图 2-76)。这一方式被应用到生活污水处理中,因其利用自然高差跌水充氧而省略了曝气装置,具有能耗低、占地面积少的特点。这一曝气

图 2-76 河道中的跌水充氧

方法适合用于存在一定自然高差的农村地区(图 2-77)。

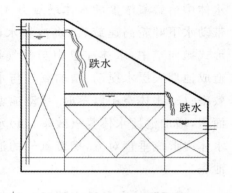

(a) 跌水曝气装置外观　　　　　(b) 跌水曝气装置内部结构

图 2-77　污水处理工程中的跌水曝气装置

　　提高跌水曝气充氧效率的途径主要包括:(1)增加水流在空中跌落过程中空气与水接触面积,如可让水流呈水帘的形状下落;(2)延长水流在空气中跌落时间,如通过提高水流跌落的高度延长水流跌落时间,而且增加跌落的水流对水体的冲击强度,有利于水体中空气与水的混合,提高充氧效率。

79. 什么是太阳能曝气?

　　曝气所需的能耗是污水好氧处理的运行费用主要组成部分,对于小型污水处理工程,通常曝气费用占工程运行费用的 60% 以上。太阳能曝气是一种利用太阳能的光伏特性产生电力驱动曝气机进行曝气供氧的技术。太阳能曝气装置一般由太阳能电池板、蓄电池组、逆变系统、曝气系统组成。利用太阳能电池板产生电能,并将电能存储在蓄电池中,蓄电池通过逆变系统给曝气系统供电。太阳能曝气具有结构简单、一次性投入后维持费用低的特点,已用于农村生活污水 A^2/O 法处理(图 2-78)和人工湿地处理(图 2-79)等工程。

图 2-78　太阳能曝气 A²/O 法污水处理工程

图 2-79　太阳能曝气人工湿地

80. 阿克蔓生态基污水处理技术的核心及原理是什么？

　　阿克蔓生态基（AquaMats）处理技术的核心是阿克蔓生态基（填料），它是一种通过编织技术形成具有高生物附着表面积、外形类似水草的人造聚合物（图 2-80）。

　　阿克蔓生态基处理污水的主要原理是：（1）微生物附着在阿克蔓生态基

图 2-80　阿克蔓生态基

表面形成生物膜,污水中的污染物质通过阿克蔓生态基表面的微生物代谢作用去除;(2)所采用的编织技术在阿克蔓生态基表面形成缺氧/好氧环境,为硝化反硝化菌脱氮、聚磷菌除磷代谢过程创造微环境条件;(3)阿克蔓生态基含有良好的孔隙结构,用于污水处理还能除臭、脱色。目前该技术已有多年的运行工程案例,对于雨污混流、水量大而污染物浓度低、有天然池塘的地区有较好的应用效果(图 2-81)。

生态基填料

图 2-81　阿克蔓生态基污水处理系统

81. 什么是污水的一级处理、二级处理、三级处理?

按照污水处理程度,污水处理分为一级处理、二级处理和三级处理。

一级处理,主要去除污水中呈悬浮状态的固体污染物质,一般通过沉淀、气浮等物理处理过程可以达到一级处理要求。经过一级处理后,一般 BOD 去除率可达到 30％左右,不能达到排放标准,还需要二级处理。

二级处理,主要去除污水中呈胶体和溶解状态的有机物,一般采用生物处理法能达到二级处理要求,BOD 及 COD 去除率可以达到 90％以上,处理出水有机物浓度可以达到污水排放标准。污水经过二级处理后,仍含有一定的悬浮物、氮磷等营养物、生物难降解的有机物和病原微生物等,需进一步净化处理。

三级处理,是在一级、二级处理后,进一步去除污水中生物难降解的有机物、氮和磷等能导致水体富营养化的可溶性无机物。一般采用的三级处理方法主要有生物脱氮除磷法、混凝沉淀法、砂滤法、活性炭吸附、离子交换和电渗析等。经三级处理的污水达到相关水质标准后可以排入自然水体,回用于农田灌溉、绿地浇灌、冲洗厕所等,既可充分利用水资源,又可提高环境质量。

82. 什么是膜生物反应器？有哪些类型？

膜生物反应器(Membrane Bioreactor,MBR)是膜分离技术与生物技术有机结合的一种新型污水处理工艺。MBR 由膜组件和生物反应器组成,用膜组件代替普通活性污泥工艺中的二沉池,可使活性污泥与处理出水高效分离。

按照膜组件和生物反应器的组合形式,MBR 可以分为内置式(一体式)(图 2-82)和外置式(图 2-83)两类。

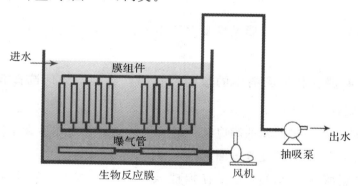

图 2-82　内置式膜生物反应器

(1)内置式膜生物反应器将膜组件浸入生物反应器内部,淹没于泥水混合物中,通过真空泵或其他类型泵负压抽吸,清水则透过膜排出。

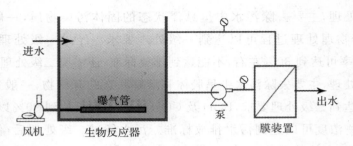

图 2-83　外置式膜生物反应器

（2）外置式膜生物反应器是将膜组件独立置于生物反应器之外，混合液靠加压泵压入膜组件，清水外排，泥水混合物浓缩液回流至生物反应器内。

83. 膜生物反应器与生物膜反应器的区别是什么？

膜生物反应器与生物膜反应器的区别在于两种反应器所指的"膜"不同。膜生物反应器中的"膜"是具有选择性透过功能的化学材料，可以过滤反应器内泥水混合物使得活性污泥留在反应器内，处理后的水经泵抽吸作用排出反应器系统。膜生物反应器中的膜可以替代分离泥水混合物常用的沉淀池。

生物膜反应器中的"膜"是指微生物在固体表面聚集生长所形成的微生物聚集体，即生物膜。典型的生物膜反应器主要包括生物滤池、生物转盘。在这类生物膜反应器中，净化污水的各类微生物在陶粒、沸石、砾石、转盘等固体材料表面生长，形成生物膜，通过生物代谢、合成、转化等途径实现污水污染物的去除。

膜生物反应器与生物膜反应器名称上易混淆，其实是两种完全不同的工艺。

84. 膜生物反应器中的膜组件有哪些类型？如何选择膜生物反应器的膜组件？

膜组件是将一定面积的膜以某种形式组装成的单元器件。不同膜组件其经济性、结构、清洗难度等方面都各不相同。

（1）根据膜组件结构，主要有板框式/平板式（图 2-84）、中空纤维式（图 2-85）、管式（图 2-86）、毛细管式、折叠滤筒式、卷式 6 种类型，其中只有板框式/平板式、中空纤维式、管式膜组件适用于膜生物反应器（表 2-4）。

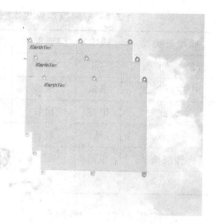

图 2-84　板框式/平板式膜组件(照片由浙江四通环境工程有限公司提供)

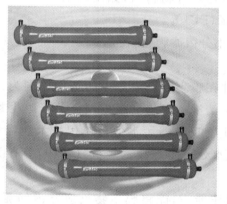

图 2-85　中空纤维式膜组件(照片由浙江四通环境工程有限公司提供)

图 2-86·管式膜组件(照片由浙江四通环境工程有限公司提供)

表 2-4 不同膜组件成本、性能及在膜生物反应器中适用情况

膜组件类型	成本	湍流促进	是否能反冲洗	在 MBR 中的适用性
板框式/平板式	高	较好	否	适用（一般用于内置式 MBR）
中空纤维式	很低	很差	是	适用（一般用于内置式 MBR）
管式	很高	很好	否	适用（外置式 MBR）
毛细管式	低	较好	是	不适用
折叠滤筒式	很低	很差	否	不适用
卷式	低	差	否	不适用

（2）按膜材料分，膜组件主要有聚合物、陶瓷两大类。用于 MBR 污水处理的膜组件材料一般是聚合物材料，如聚丙烯（PP）、聚偏氟乙烯（PVDF）、聚醚砜（PES）、聚乙烯（PE）等。

（3）按膜孔径大小分微滤膜（孔径 0.08～10 微米）及超滤膜（孔径 0.005～1 微米）两大类。

膜材料和膜组件在膜生物反应器中的选择原则为：成本低、通量大、抗污染强、强度高、便于清洗和更换。根据国家关于膜生物反应器技术规范、规程，即《一体式膜生物反应器污水处理应用技术规程》（CECS152：2003）、《膜生物反应器法污水处理工程技术规范》（2010）等有关建议，膜组件选择的主要依据如下：

（1）有足够的承压能力，能将膜生物反应器内的泥水混合物与透过水（出水）严格分开，有较大的水通量，水通量宜大于 0.01 米³/（米²·小时）；

（2）有较高的装填密度，即单位体积内的膜表面积大；

（3）能够使膜生物反应器中污泥与水的混合液在膜组件上流动状态较好，减轻膜污染；

（4）价格低廉，便于清洗。

85. 膜生物反应器在农村生活污水处理中的应用前景如何？

膜生物反应器技术彻底变革了传统的水处理工艺，通过膜分离技术大大强化了生物反应器的功能，与传统的活性污泥法处理方法相比，具有生化效率高、抗负荷冲击能力强、出水水质好且稳定、占地面积小、排泥周期长、易实现自动控制从而降低管理运行维护的技术要求等优点，实现了同步解决水污染和水资源短缺的问题，是目前最有前景的污水回用处理技术之一，

适用于农村小规模的污水处理技术工艺。

但是,现阶段膜生物反应器仍然面临着膜材料易污染、膜组件价格昂贵、动力消耗较大等问题,限制了其在农村生活污水处理中的广泛应用。随着科学技术的不断进步,这些问题将逐渐得以解决。特别是我国农村经济快速发展,环境质量要求不断提高,各级政府部门对农村环境整治的资金投入不断增加和管理措施不断加强,在此后一段时间,膜生物反应器在农村污水处理应用中的优势将逐渐突显出来。近期,久保田公司在浙江省安吉县山川乡安装了日处理污水 20 立方米规模的以膜生物反应器为核心的净化槽装置(图 2-87),运行结果表明,其出水水质好、工作稳定,但投资大、需专人管理,相对于我国目前农村地区的经济情况来看,运行所需费用较高。

图 2-87　某村生活污水净化槽处理站(MBR)

86. 什么是中水? 为什么要提倡中水回用?

污水处理后的再生水称为中水,中水的概念起源于日本,主要是指污水经过处理后达到一定的水质标准,在一定范围内可重复使用的非饮用的杂用水,其水质介于自来水(上水)与污水(下水)之间。中水回用是人们将生产、生活产生的污废水,经过再生处理后,应用于工业生产、生活杂用、农田灌溉、水产养殖或者补充地下水。

我国是一个缺水的国家，人均水资源量只有世界平均水平的 1/4，位居世界第 84 位。因此，开发利用有限的水资源十分必要。污废水经深度处理之后达到回用水质要求，实现中水回用是环境保护、水污染防治的主要途径，是社会经济可持续发展的重要环节。我国一些城市中水回用的一些实践证明，利用中水不仅可以获取一部分主要集中于城市的可利用水资源量，而且所需要的投资及运行费用低于一般长距离引水所需要的投资费用。

对于农村生活污水处理工程的建设来说，特别是针对某些水资源紧张的农村地区，选择高效污水处理工艺，对生活废水进行深度处理，合理设计中水回用系统，应用于农业生产或生活杂用十分必要。考虑到农村污水处理工程的经济成本，可将污水处理达到《农田灌溉水质标准》(GB5084—2005)后用于农田灌溉，或厌氧处理后直接用于农田施肥，起到既利用其水资源，也利用其养分资源的作用。

87. 污水处理后用于灌溉有无潜在风险？

生活污水中含有植物生长需求的氮、磷等营养元素，处理达标后的生活污水用于农田灌溉不仅有利于保护农村环境，而且还可以节省施肥投入，实现污水资源化利用，缓解部分缺水地区灌溉用水难的问题。污水处理后用于灌溉的风险主要有两点：(1)农村生活污水中同时含有一些致病性的细菌、病毒、原生动物和寄生虫卵等病原体，如果处理不达标进行灌溉可能存在一定的健康安全风险。因此，农村生活污水处理达到《农田灌溉水质标准》(GB5084—2005)后方可灌溉，主要回灌至小麦、水稻等生长周期比较长的禾谷类粮食作物或非食用经济作物。充足的光照以及大田土壤中的拮抗微生物均可起到杀菌、抑制病毒的作用，长时间生长周期可以使污染物充分降解消纳。(2)过量的生活污水会渗入到地下蓄水层，对地下水造成一定程度的污染，因此农村生活污水处理回灌要根据作物的生长习性控制好量的问题。

88. 污水处理设施平面布置需要考虑哪些因素？

污水处理设施平面布置主要是指确定各个污水处理构筑物在污水处理工程平面图上的位置。污水处理设施平面布置需要重点考虑如下因素：

(1)风向。恶臭气体的处理设施，如污泥处理池等放在下风向。

(2)连接各污水处理构筑物的管线直通，避免交叉、折返、迂回。

（3）各污水处理构筑物之间紧凑布置，但也保留一定的距离，以保证绿化、敷设管渠的需要，某些有特殊要求的构筑物，如污泥消化池、沼气贮罐等，其间距应按有关规定确定。

（4）预留发展用地，以备将来污水处理工程技术升级、扩建的需要。

89. 污水处理池高程如何布置？

污水处理池高程布置是指确定各个污水处理构筑物、管渠的标高。污水处理工程中，为节约动力，污水主要靠重力自流作用流经各个污水处理设施。当无法实现重力自流时，通过污水泵提升至需要的高度。另外，各构筑物的水面标高通过水力损失计算确定。

污水处理工程中各污水处理池体的高程布置应重点考虑：

（1）为保证出水能靠重力排入受纳水体，如河道等，防止洪水期河道河水倒灌，一般以出水口高度位置为起点，沿着污水来水方向逆推各污水处理构筑物高度位置；

（2）为降低工程造价，充分利用现场地形，减少土方开挖工程量。

90. 用于农村生活污水处理的管材有哪些？

管材是农村生活污水处理中必用的材料，但是，由于对管材性质及其适用性了解不足，常常会用错管材，导致污水处理设施运行、维修困难，使用寿命受到影响。现将常用于农村生活污水处理工程的管材描述如下：

（1）塑料管

与金属管相比，塑料管用于农村生活污水处理工程在价格、化学稳定性、施工安装方面具明显优势，常用的塑料管如下：

①UPVC管，即硬聚氯乙烯管材，是以合成树脂为主要原料，加入适量填充料、稳定剂、改性剂、润滑剂等，经机械挤压制成的管材（图 2-88）。UPVC管用于污水处理工程的显著优势是 UPVC 属于热塑性塑料制品，是难燃材料，不易燃烧；UPVC 化学性质稳定，耐酸、耐碱、耐腐蚀；使用寿命长，抗老化，$0\sim60℃$条件下，使用寿命可达 $30\sim50$ 年，较排水铸铁管、水泥管更能长时间稳定使用；施工运输方便，UPVC 重量较轻，为铸铁管的 $1/5$；摩阻系数小，输送液体性能好；管材可采用粘接，施工方法简单。

②硬聚氯乙烯（UPVC）双壁波纹管，它是聚氯乙烯材料在高温高压条件下经模具挤压制成的管材。UPVC 双壁波纹管外壁呈环形波纹状结构

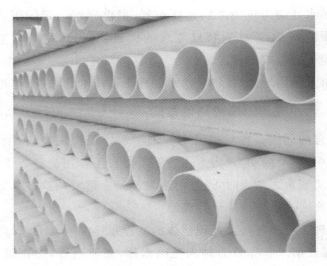

图 2-88　UPVC 管

（图 2-89），内部致密光滑，内外壁之间中空，与 UPVC 管特点相近，具有质轻、强度高、耐腐蚀、管壁光滑、过水能力大、密封性好、使用寿命长等特点。另外，双壁波纹管是一种柔性管道，在埋设条件下，其物理机械性能相当稳定，适用于地埋室外排污、排水管道系统。

图 2-89　硬聚氯乙烯(UPVC)双壁波纹管

　　③HDPE 管，即高密度聚乙烯管。目前使用的 HDPE 管分为波纹管、中空壁缠绕管、钢肋增强(PE)螺旋波纹管 3 种。其特征是，HDPE 管外壁呈环形波纹状结构(图 2-90)，强化管材的环行刚度、抗压能力；HDPE 管材内壁

光滑,通过的流量大;HDPE 管采用电容焊接带连接,施工方便;另外,HDPE 材料化学稳定性强,使用寿命长。

图 2-90　高密度聚乙烯(HDPE)管

　　④玻璃钢管,是一种复合材料夹沙管道,它是间苯树脂、邻苯型不饱和聚酯树脂、玻璃纤维、石英沙制成的管材(图 2-91)。玻璃钢管不仅抗腐蚀性好而且质轻,重量仅为同规格、同长度球墨铸铁管的 1/4。玻璃钢管的单根管道长度在 6 米以上,实际应用中接口少。玻璃钢管拉伸强度低于钢管,但高于球墨铸铁管和混凝土管,比强度大约是钢管的 3 倍,球墨铸铁管的 10 倍。玻璃钢管适用于大口径输水及污水处理管网。由于农村生活污水水量

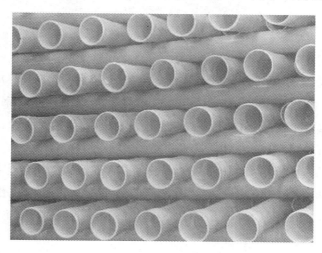

图 2-91　玻璃钢管

通常较小,所以应用不多。

(2)金属管

由于金属管用于农村生活污水处理价格高、防腐要求高、安装工作量大,应用受到限制。目前,农村生活污水处理中主要在污水收集输送对管道抗压要求较高时采用金属管,常用的金属管材如下:

①球墨铸铁管,是由含铁和石墨的铸铁熔炼而成(图 2-92),其中碳以球状游离石墨形式存在,不仅保留了铸铁的铸造性、耐腐蚀性,又增加其抗拉性、延伸性、弯曲性和耐冲击性。球墨铸铁管常用于农村生活污水收集输送。

图 2-92　球墨铸铁管

②钢管。常用于污水处理工程的钢管有无缝钢管(图 2-93)、普通钢管、合金钢管和不锈钢管(图 2-94)等,可以根据不同情况选用。钢管具有良好的机械强度,可承受较高的外压和内压,适应性强,但极易腐蚀,不宜埋地作排水管。钢管一般经过内外层防腐或电化学保护,可以达到防腐目的。钢管防腐工艺复杂、价格高,一般不在大型污水管道收集系统中应用。

选择管材需要考虑的因素主要有:(1)污水处理工程地点土质、地下水位、冰冻、预埋管道的内外受压等情况;(2)整个工程预算、施工工艺技术要求、施工工期、管材耐用性等。

图 2-93　无缝钢管

图 2-94　304 不锈钢管

91. 农村生活污水处理工程中常用的阀门有哪些类型?

阀门是安装在管道中间,控制管道中流体流量或者管道中输送流体通断的装置。常用于农村污水处理的阀门有闸阀、蝶阀和球阀、止回阀。

(1)闸阀。闸阀由阀体、闸板、密封件和启闭装置组成,闸阀的启闭靠闸板的往复平动完成。闸阀的通流直径一般为 50~1000 毫米,阀门全打开时通道完全无障碍,流体通过闸阀时,阻力最小,适合通过杂质含量高的污水、污泥(图 2-95)。

图 2-95　闸阀

　　(2)蝶阀。蝶阀由阀体、内衬(蝶板密闭装置)、碟板(阻止流体流向装置)及启闭机构(启动蝶板转动的装置)组成。蝶阀启闭主要靠碟板 90°转动实现,将蝶板转至与流通管道垂直时,蝶阀关闭,将蝶板转至与流通管道平行时,蝶阀打开。蝶阀的主要优点是密封好,缺点是阀门开启后,蝶板仍处在流通管道中间,对流通管中液体流动有阻力(图 2-96)。

图 2-96　蝶阀

　　(3)球阀。球阀阀芯是一个球体,球体中心有可以与流通管道相同的通道,球阀的启闭靠球阀球体阀芯的转动来实现。当球体阀芯上的通道与流通管道方向平行时,球阀打开;当球体阀芯上的通道与流通管道方向垂直时,阀门关闭。球阀的主要优点是密闭性好、耐压性好(可承受 20 兆帕压强),缺点是与相同通径的闸阀、蝶阀相比,球阀的体积及质量大,对应的成本较高(图 2-97)。

图 2-97　球阀

（4）止回阀。止回阀的主要作用是防止液体倒流,其工作原理是流体正向流动时,阀门阀芯在流体的冲击下全部打开,流体逆向流动(倒流)时,阀门阀芯在流体反向压力下关闭,阻止流体倒流。例如,在好氧池中,当好氧池发生故障,曝气停止时,为防止好氧生物反应器内的泥水混合物顺着曝气管倒灌至空气泵,在曝气管上可安装止回阀。

污水处理工程管道上使用较多的是闸阀及蝶阀,很少用球阀。

92. 常用于污水处理的水泵类型有哪些？如何选择水泵？

污水处理中常用的泵主要有螺杆泵、离心泵、隔膜泵、潜水泵。

（1）离心泵:离心泵主要靠电动机带动叶轮高速旋转,泵体内液体被带着转动,液体被甩向泵壳,旋转的叶轮中心形成负压,不断吸入液体(图 2-98)。离心泵的技术参数主要包括泵流量、泵扬程、泵转速、泵轴功率、泵对液体做的有效功率、泵效率、泵有效功率与轴功率的比值。

（2）螺杆泵:螺杆泵一般由定子(固定衬套)、转子(螺杆)表面形成的密封腔组成(图 2-99),密封腔及腔内液体随着转子的旋转沿轴被推送至出口。螺杆泵一般用于输送污水处理厂污泥。螺杆泵的技术参数主要包括泵流

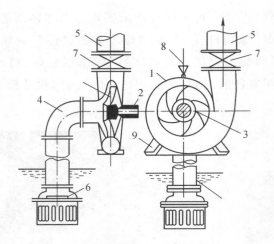

图 2-98　离心泵

1—泵壳；2—泵轴；3—叶轮；4—吸水管；5—压水管；

6—底阀；7—控制阀门；8—灌水漏斗；9—泵座

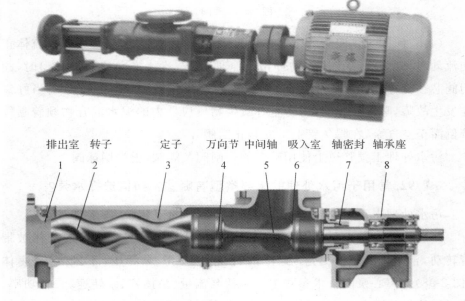

图 2-99　螺杆泵外观及结构示意图

量、泵扬程、泵转速、泵功率、口径、温度。

　　(3)隔膜计量泵：隔膜泵通过柔性隔膜替代活塞，在驱动装置作用下隔膜往复运动,完成液体吸入排出,实现液体输送(图 2-100)。隔膜泵的显著特点是被输送液体与驱动装置之间的隔离,为腐蚀性液体输送提供便利。

图 2-100　隔膜泵

(4)潜水泵:潜水泵的泵体与电动机作为一个整体,一并潜入水中,电动机带动泵叶轮旋转,液体在叶轮作用下,抽提出水面(图 2-101)。潜水泵一般用于污水提升。

水泵选型是关系到污水处理工程将来是否能正常运行的关键。首先,要根据被提升物的性质,特别是悬浮固体含量确定泵的类型,如集水池提升污水一般选择潜水泵,输送污水选择离心泵,输送活性污泥选择螺杆泵。第二,确定泵类型后,结合运行成本,根据被提升物流量及所需提升的高度等确定泵扬程等参数。

93. 农村生活污水处理设施的供配电系统应注意哪些问题?

农村生活污水处理工程电气设计除应符合国家《供配电系统设计规范》GB50052 及《低压配电设计规范》GB50054 规定外,分散型污水处理设施的供配电系统应该特别注意以下几点:

(1)污水处理工程用电应与家庭用电分开,独立线路供电;

(2)设置栏杆防止非工程管理人员,特别是儿童靠近;

图 2-101　污水处理中常用的潜水泵

（3）电线全部用穿线管铺设，防止漏电事故发生；

（4）请专业人士布置、安装电线；

（5）防止破坏接地系统。

94. 什么是"一键启运式农村生活污水处理系统"?

针对我国农村污水处理工程管理维护人员匮乏的现状，由浙江大学自主开发了综合集成生物反应器内泥水混合液环境在线监测与信息自动反馈应答式控制系统、微生物生物生态调控技术的"一键启运式农村生活污水处理系统"。该系统特别适合经济条件好、维护人员少的农村生活污水处理工程。

95. 污水处理过程中污泥的来源有哪些?

固体物质是污水生化处理过程中产生的副产物，主要包括无机固体和生物固体。无机固体主要来源于格栅的滤渣、沉砂池中的泥砂等。生物固体，即生活污泥，主要来源于初沉池中原废水中沉降的密度较大的有机颗粒和废水中的营养物经过生化代谢过程转化形成的多余生物量。在污水生物处理过程中，微生物代谢利用污水中的有机物、氮、磷等营养物用以合成生物细胞，完成自身的生长繁殖，在宏观上表现为污泥浓度增加。为使系统内污泥浓度(或者说微生物量)保持稳定,维持合理的生长负荷,在活性污泥污水处理工艺中常常设置污泥回流过程。除部分活性污泥回流至生化反应器外,多余的污泥(常称之为剩余污泥)必须定期从系统排出。

96. 污泥处理应遵循哪些原则?污泥处理的目的是什么?

污泥污水处理过程中产生的剩余污泥含水率高,性能不稳定,含有原污水中的大量有毒有害物质,如不加处理会导致环境二次污染。鉴于环境保护和健康安全的要求,污泥必须经过有效的处理和妥善的处置。农村生活污水处理系统剩余污泥的处理、处置必须根据农村生活污水处理工程规模、污泥产生量、污泥资源化利用途径等特点,制订经济、合理、安全的污泥处理利用方案。关于农村生活污水处理系统污泥处理利用,建议采用如下 2 种模式:

(1)分散式农村生活污水处理系统污泥处理利用模式。分散式农村生活污水处理系统一般处理一户或几户居民生活污水,规模一般较小,产生的污泥量相应不多。春夏作物需肥季节,污泥经过简单堆沤厌氧发酵,降低有机物,去除病原菌后,可用作农田、花卉、蔬菜等肥料。秋冬需肥淡季,污泥经简单风干脱水处理后,可通过专门的或者是生活垃圾收运系统收集后集中处理。

(2)集中式农村生活污水处理系统污泥处理利用模式。集中式农村生活污水处理厂,处理污水量大,剩余污泥产量大。因此,必须在污水处理厂内部建设专门的污泥处理单元对污泥进行处理。

污泥处理应遵循以下主要原则:

①减量化:一般污泥的含水率在 95% 以上,体积大,不利于储存、运输和消纳,所以要通过降低污泥含水率以达到降低污泥体积的目的,这个过程称为减量化。

②稳定化:污泥的干物质中有机物含量一般为 60%～70%,会发生厌氧降解,极易腐败并产生恶臭。因此,需要采用生物厌氧消化工艺,使污泥中的有机组分转化成稳定的终产物。也可以添加化学药剂,终止污泥中微生物的活性来稳定污泥,如投加石灰,提高碱性,同时还能杀灭污泥中的病原微生物。

③无害化:生活污水处理产生的污泥中含有大量的病原菌、寄生虫卵及病毒,常常可以造成传染性疾病的传播。有些污泥中还含有多种重金属离

子和有毒有害的有机物。因此,必须对污泥进行彻底的无害化处理。

97. 污泥的处理、处置的途径有哪些?

污泥处理是污水处理系统的重要组成部分。常用的污泥处理技术主要有:

(1)脱水干化。通过板框压滤、带式压滤等(图 2-102)机械方式挤出污泥中部分水分,减少污泥体积。经过机械脱水后的污泥,含水量仍在 70% 左右。

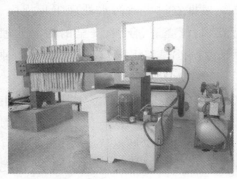

(a) 板框压滤机   (b) 带式压滤机

图 2-102　污泥脱水压滤机

(2)厌氧消化。利用厌氧菌分解污泥中的有机质,减少污泥体积,使污泥稳定化。为强化污泥厌氧消化效率,可采用高温高压水解预处理(THP)、超声波预处理、微波预处理、碱预处理等方式加快污泥微生物细胞壁破裂,提高污泥厌氧消化效率。

(3)好氧堆肥发酵。好氧堆肥发酵是通过好氧微生物的代谢作用,使污泥中的有机物转化成稳定腐殖质的过程。堆肥发酵过程中微生物代谢产生热量,可使污泥堆体温度上升至 55℃ 以上,杀灭病原菌、寄生虫卵和杂草种籽,使污泥水分蒸发,实现污泥减量化、无害化。

(4)焚烧。污泥中有机质含量高,有一定的热值,脱水干化后(图 2-103)配合燃料焚烧产生有价值的热能,彻底实现污泥减量、无害化处理及资源化利用。

处理后的污泥还要经过妥善处置,以彻底实现无害化或者资源化利用。处理后的污泥可应用于:

(1)污泥土地利用。污泥含有丰富有机质、氮磷营养,污泥堆肥可以应

图 2-103　含水率较低的干化污泥

用于农业、林业、园林绿化、育苗基质等方面。

(2)建材利用。污泥焚烧后的灰分可混合建筑材料应用于建筑行业,如路基建设等。

(3)卫生填埋。经过脱水干化后的污泥与垃圾混合填埋,或作为垃圾填埋场覆盖垃圾用的填埋覆盖土。

农村生活污水处理量小,产生的污泥量也少,通常污泥脱水无害化处理后就地填埋或在土地翻耕时作为土地改良剂进行土地还原以实现废物资源化利用。

第三部分　设计、施工

98. 农村生活污水处理工程建设流程是怎样的？

对于较大的污水处理工程建设的基本程序主要包括四个阶段，即：①项目审批立项，包括项目建设书、可行性报告、环境影响评价报告的编写；②设计阶段，包括初步设计和施工图设计；③建设施工；④竣工验收。其程序与一般建设项目相同。但对于分散式或小规模农村集中污水处理系统建设，一般有以下几个过程：

（1）工程设计。委托有资质的设计单位进行工程设计方案编写和施工图设计。在方案中明确项目目标、内容、规模、设计原则和标准，确定处理工艺、投资估算。施工图设计要能满足施工、安装和加工的需要，施工单位可据此编制施工预算。

（2）建设施工。由于农村生活污水处理工程的工程量小，施工内容主要包括污水处理设施和与其匹配的污水管网工程以及设备安装施工。

（3）竣工验收。竣工验收是考核设计和施工质量的重要环节，是污水处理工程建设项目建设的最后一个环节。目前对这类工程的验收都由当地主管部门制定验收办法，主要程序有由建设方提交验收报告，主管部门现场验收。

99. 农村生活污水处理工程设计单位应向建设单位提供哪些技术文件？

设计单位在完成设计后应向建设单位提供符合国家、地方及行业标准的设计方案、设计图纸（包含工艺、施工、电气安装等内容）和其他建设单位需要的相关技术文件。

100.农村生活污水处理工程设计单位应具备哪些资质？

为保证工程质量，农村生活污水处理工程建设单位应聘用具备国内注册、具有独立法人资格并具备相关主管部门颁发的废水处理工程设计资质的设计单位。

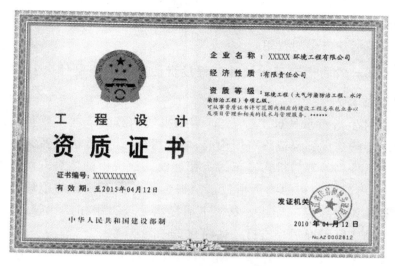

图 3-1　污水处理工程设计资质证书样本

101.什么是农村生活污水处理工程投资估算？ 工程投资估算应该包含哪些内容？

投资估算是在对项目的建设规模、技术方案、设备方案、工程方案以及项目进度计划等进行研究并初步确定的基础上，估算项目投入总资金（包括建设资金和流动资金）的过程。对于范围较大或建设时间较长的项目，还应测算分年资金需要量。

对于单个或以村为单位的农村生活污水处理工程建设项目来说，一般规模都比较小、建设内容少，投资估算相对较为简单，其主要内容一般包括工程设计费、工程建筑费（以土建费用为主）、设备材料购置费、工程设备安装调试费。

工程设计费是支付给设计单位用于提供技术咨询、污水处理技术方案编制、施工图纸绘制和其他指导性文件编制等服务。

工程建筑费指为建设污水处理工程主体建（构）筑物所投入的原材料、

人工、机械以及建设组织管理活动所产生的费用。

设备材料购置费指购置污水处理工程中所必需的电气(如泵类、曝气设备、电缆、电控设备等)或非电气设备(如格栅、布水设备、曝气设备、填料等)以及各类管材、钢材、防腐材料等所产生的费用。

工程设备安装调试费指工程项目设备人工安装所需费用、完成工程设备安装后投产使用前进行设备和工艺调试所产生的费用以及在此过程中技术管理组织活动产生的费用。

102. 农村生活污水处理工程投资估算的依据是什么？如何进行工程投资估算？

就农村生活污水处理工程而言，编制投资估算的依据主要包括：(1)专门机构发布的建设工程造价费用构成、估价指标、计算方法以及其他有关工程造价的文件；(2)专门机构发布的工程建设其他费用的估算方法和费用指标，以及政府部门发布的物价指数；(3)根据施工图纸核算的拟建项目的各单项工程建设内容和工程量。农村生活污水处理工程相对比较简单，其估价可以根据实际情况适当进行一些简化。

103. 什么是工程施工组织设计？其作用是什么？包含哪些内容？

工程施工组织设计是指导工程投标、承包合同签订、施工准备以及施工全过程的全局性工程承包(从投标开始到竣工结束)技术经济文件，是根据承包组织的需要编制的技术经济文件。它是经济和技术相结合的文件，其内容既包括技术性的，也包括经济的。

工程施工组织设计的作用是：在工程投标与工程承包合同签订中，作为投标的内容和合同文件的一部分，指导施工前的准备和工程施工全局的策划工作；作为项目管理的规划文件提出工程施工中的进度控制、质量控制、成本控制、安全控制、现场管理、各种施工要素管理的目标、技术组织措施，以期达到提高综合效益的目的。

工程施工组织计划的主要内容有：工程概况、施工方案、施工进度计划、主要技术组织措施、施工平面布置。

104. 什么是施工网络图？为什么要做施工网络图？

工程施工过程由若干工序组成，施工网络图是将施工各工序或具体任务按照先后顺序、逻辑关系,用带箭头的箭线、节点和路线将某个构筑物的施工具体流程表达出来的图形,该图形呈网络状,故称施工网络图。

绘制施工网络图是施工管理的重要工作之一。首先,施工网络图表达某个分项工程中各个工序的先后顺序和逻辑关系,便于工程管理者合理组织安排工序、人员、资源;其次,根据施工网络图可以计算工程时间,找到关键工作和关键线路,便于工程管理者明确重点工作,掌控施工工期;再次,优化施工网络图可为工程实施提供最佳方案,缩短工程工期,节约工程成本。

施工网络图一般有双代号网络图、单代号网络图、时标网络图 3 种。

(1)双代号网络图。两个节点和一根箭线代表一道工序,然后按照某种工艺或组织要求按逻辑关系连接而成的网络图,称为双代号网络图,如图 3-2 所示。

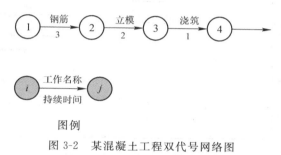

图 3-2　某混凝土工程双代号网络图

(2)单代号网络图。以一个节点代表一道工序,然后按照某种工艺或组织要求,将各节点用箭线连接成网状图,称为单代号网络图,如图 3-3 所示。

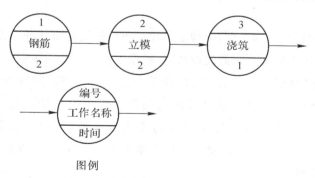

图 3-3　某混凝土工程单代号网络图

双代号网络图与单代号网络图的主要区别是单代号网络图中,圆圈代表一项工作,双代号网络图中,工作在两个节点(圆圈之间)之间。目前,施工网络图有专门的计算机软件可以绘制，解决网络图绘制、方案优化过程工作量大、耗时长的问题。

（3）时标网络图。时标网络图是在横道图基础上，以时间为横坐标形成的网络图，如图3-4所示。

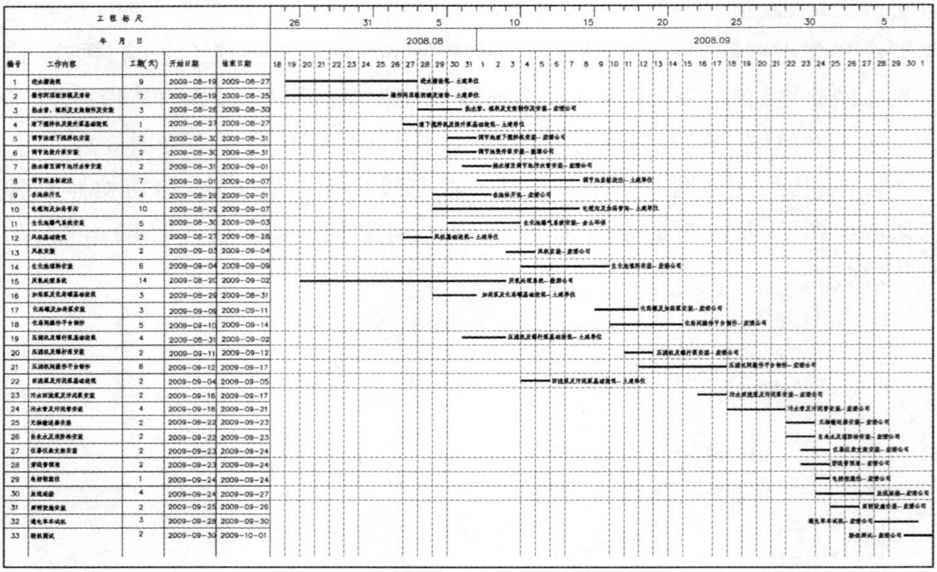

图 3-4　某污水处理工程设备安装施工时标网络图

 105. 建设单位在污水处理工程质量控制中的主要职责和义务是什么？

《建设工程质量管理条例》中规定了建设单位的质量责任和义务，除此以外，根据农村生活污水处理工程的建设特点，建设单位还应特别注意以下几点：

（1）必须向勘察、设计、施工、监理等单位提供真实、准确的与建设工程有关的原始资料，特别是可能涉及的污染源。由于农村情况复杂，有可能会遗漏豆腐店、家庭式季节性加工业等污染源。另外，还应对提供的资料、数据进行核实，杜绝采用"毛估估"的方式提供资料。资料的准确与否与工程质量有密切关系。

（2）不得任意压缩合理工期。由于某些主客观原因，前期工作未能及时完成，为了达到上级管理部门的时间要求，常不顾客观因素盲目要求施工单位缩短工期，造成工程质量事故。"确保在某时前完成项目工程"，这种做法屡屡发生,一些工程质量事故也由此产生。

(3)建设单位不得明示或者暗示设计单位或者施工单位违反工程建设强制性标准,降低建设工程质量。如为减少工程投资,建设单位通常要求任意增大设计负荷,改变结构等,结果导致出水不达标的情况发生。

(4)应委托工程监理单位进行监理,对于规模很小的工程,村、乡镇应有工程技术监控机制。由于农村生活污水处理工程量小,很多工程监理单位不愿接受工程监理任务。在此种情况下,建设单位应建立质量监督机制,也可委托设计单位参与质量控制。

(5)按照合同约定,及时支付技术与工程费用。农村生活污水处理工程建设中,工程款纠纷是常见之事,这也是造成工程质量下降、工期延长等问题的主要原因之一。

(6)工程完成后,应及时组织项目验收。由于相关法规的缺失,农村生活污水处理工程的验收常常难以有效实行,不少工程未履行验收手续,很多工程未能按建设项目与环保项目验收的相关规定验收。

(7)及时收集、整理建设项目各环节的文件资料,建立、健全建设项目档案并及时移交给相关部门。农村生活污水处理工程完工后资料完整保存的很少,这给日后系统维修、运行等带来很大困难。

106. 勘察设计单位在工程质量控制中应做好哪些工作?

勘察设计单位除履行《建设工程质量管理条例》规定的勘察、设计单位的质量责任和义务外,还应特别注意如下事项:

(1)勘察设计单位具有相应等级的资质证书,并有成功的类似工程业绩。在农村生活污水处理工程中,无证设计的情况仍不占少数,很多村则由管理部门直接提供图纸进入施工,其图纸与参数常不够规范,严重影响工程质量。

(2)勘察设计单位必须按照国家和地方相关规范进行设计,并对其勘察、设计的质量负责。某些设计单位,为了迎合建设单位"省钱"的要求或为了获得项目,常降低设计标准。不按规范设计是农村生活污水处理效果差的重要原因。

(3)设计单位应当就审查合格的施工图设计文件向施工单位作出详细说明。

(4)设计单位做好技术交底工作,在没有技术交底前,不得让建设单位开工。

(5)在施工过程中出现技术问题时,设计单位应及时为建设单位提供技术服务。

 107. 在农村污水处理工程质量控制中施工单位的职责有哪些？

在《建设工程质量管理条例》中明确规定了施工单位的质量责任和义务。在农村生活污水处理工程中,施工单位还应特别注意如下问题:

(1)施工单位应具有相应等级的资质证书,不得借、套用其他单位的证书。借、套用其他单位证书的现象在农村生活污水处理工程中较为常见,尤以土建施工为甚,这是施工质量得不到保障、责任纠纷产生的主要原因。

(2)由于农村生活污水处理工程量较小,施工单位不必也不得随意转包施工工程。

(3)加强与设计、监理的技术交流,确保施工质量。不得擅自更改设计内容和工程量,不得偷工减料。对于需要变更工程技术参数的,应及时填写工程变更联系单,只有经相关单位同意后才能实施工程技术参数变更。

(4)及时支付人员工资,确保工作人员的福利及劳动所得。

(5)加强安全意识,禁止违规施工与作业。

 108. 为什么要聘请工程监理？监理单位履行职责时需要注意哪些问题？

工程施工是涉及土木、结构、材料、管理等专业内容的复杂过程,为了保证工程质量、资金控制、进度计划,需要聘请专业技术人员,即工程监理在施工现场对施工全过程进行全面监督控制和管理,预防由于建设单位自行管理不力或无能力管理以致控制失效、项目目标无法完成等问题的发生。

工程监理单位除应承担《建设工程质量管理条例》规定的质量责任和应履行相应的义务外,还应注意如下问题:

(1)监理单位应具有相应等级的资质证书,监理单位不得转让工程监理任务,不能把设计单位当作工程监理来使用。不少农村生活污水处理工程建设中,建设单位要求设计单位到现场监督施工,这一要求是不合理的。建设单位应聘请工程监理要求设计单位配合,共同完成这一工作。

(2)监理是建设单位对施工质量实施监理的代表,承担监督施工质量的任务。工程监理工程师必须进驻施工现场,不能因工程量小而不到现场,应采取旁站、巡视和平行检验等形式,对建设工程实施监理。

(3)未经监理工程师签字,建筑材料、建筑构配件和设备不得在工程上使用或者安装,施工单位不得进行下一道工序的施工。未经总监理工程师签字,建设单位不拨付工程款,不进行竣工验收。

109. 保证施工进度与施工质量的措施有哪些?

从一般项目施工管理的角度来说,保证施工进度与质量的措施主要有施工组织实施、技术措施、合同措施、经济措施和信息管理措施等。由于农村生活污水处理通常工程量小、内容简单,施工主要包括土建工程与设备、材料安装工程,因此只要严格把好施工关,完全可以满足质量要求。一般情况下,提高工程质量与保证工程进度可考虑采取以下措施:

(1)设计单位对施工区地质条件有一个较准确的初判。通常小型的污水处理工程设计前难以做到详细的地质勘察,设计单位应对设计的地质情况有一个大致的判断,以免施工时出现地质情况与设计有较大差异,此时再改动设计明显会影响施工进度。

(2)做好施工前的技术交底,减少施工后的技术纠错。开工前做好施工组织与准备,加快工程进度。不少单位对施工交底的重要性认识不足,常常是拿到图纸就自行施工,没有技术交底,遇到问题也不与设计单位联系,"自行解决"技术问题,结果常常是施工后再纠错,影响施工工期与工程质量。

(3)协调好土建主体工程完成后与后续进场的设备安装单位的衔接,避免不同施工单位之间交接与协调不善影响工程进度。

(4)需要由有经验的土建设施工队与安装工程队施工。

110. 怎样进行施工前的技术交底?

施工技术交底是某一单项或一个分项工程施工前,由主管技术负责人向施工员进行的技术性交待,一般交待施工工艺、施工方法、操作规程、质量标准、技术安全措施等方面的内容,让施工员对工程情况、技术质量要求、施工方法与措施等方面有一个较为详细的了解,以便合理地组织施工,避免技术质量问题的发生。

技术交底的主要内容包括:

(1)施工图纸介绍。解说图纸的设计思路,交代具体工程施工中可能存在的问题及其防范措施等;

(2)施工范围、施工工艺及具体质量要求;

(3)施工条件要求(如需要)、不同工种之间配合的要求;

（4）施工资料要求，如技术记录具体要求；

（5）施工过程可能出现的安全问题及其预防措施。

施工技术交底情况必须作记录，技术交底记录是工程技术档案资料中不可缺少的部分。

111. 施工单位在施工前期应做好哪些技术与设备准备？

施工前的准备工作充分与否是对后期施工进度与质量有重要影响的环节，因此，施工单位在施工前必须做好充分的准备工作。对于农村生活污水处理工程，通常有技术准备与设备准备两方面的工作。

技术准备：

（1）完成土建与各专业设计图纸的交底工作，编制施工组织设计与施工方案，明确关键部位、重点工序的做法，有必要时应进行书面技术交底；

（2）找准、核对结构坐标点和水准点；

（3）完成结构定位控制线、基坑开挖线的测放与复核工作；

（4）编制施工材料计划单，落实预制与预埋构件等的订货与加工。

设备准备：

（1）土方工程：挖土机、推土机、自卸汽车、翻斗车等；

（2）钢筋工程：钢筋弯曲机、钢筋调直机、钢筋切断机、电焊机、撬棍；

（3）模板工程：扳手、电钻；

（4）混凝土工程：混凝土搅拌机、计量设备、振动器等。

112. 为什么需要做工程施工方案？应含哪些内容？

工程施工方案是工程施工组织设计的核心，是施工单位工程施工的指导性文件，与工程施工组织设计相比，更具针对性，是对施工全过程的进一步细化，也是对项目工程施工做法以书面形式予以确定。在农村生活污水处理工程中，常常由于一个工程点（农户点）工程量很小，但数量很多，难以针对单个工程编制施工方案。这种情况下，可以要求施工单位就某个区域或某个村编制一个总体的工程施工方案。

工程施工方案是由施工单位技术人员编写，经由施工单位项目技术负责人或技术总工审核，报请监理、建设单位审核，作为日后施工的依据。另外，方案的编制可从施工单位的角度对设计文件在施工上的可行性和合理性进一步检验、查错、查漏，减少工程设计失误。施工方案内容一般包括确定施工程序、施工起点和流向,确定施工顺序,合理选择施工机械和施工方法,制定技术组织措施等。

113.什么是施工日志? 怎么写施工日志?

施工日志是对整个施工阶段组织管理、施工技术和现场情况变化的综合性记录。施工日志在工程竣工后由施工单位作为施工技术档案保存。施工日志并无统一的格式,不同工程施工单位可根据实际工程内容采用表格、纯文字、图等方式记录。

主要记录内容包括:

(1)工程开、竣工日期以及分部、分项工程的起止日期,准备工作情况;

(2)工程变更的有关资料及情况说明;

(3)主要部位的特殊质量要求和施工方法;

(4)非常情况下的特殊措施和施工方法;

(5)质量、安全、机械事故记录及处理措施,处理结果分析;

(6)气候、气温、地质等施工条件及其他特殊情况;

(7)原材料检验结果、施工检验结果。

范例1:

表 3-1　施工日志(范例)

日期:	上班时间:		下班时间:	
天气	上午	温度	上午: ℃	
	下午		下午: ℃	
	夜间		夜间: ℃	
生产情况记录	(施工部位、施工内容、机械设备投入及运行情况、各工种劳动力安排情况、材料进场及抽检情况、有无技术交底及技术交底内容、施工过程存在问题)			
技术质量、安全工作记录	(当日钢筋混凝土结构构筑物及砖砌体相关质量检查和处理记录、质量问题原因及处理方法、质量问题处理结果、安全检查情况及安全检查隐患情况、试块制作情况、材料进场及送检情况。业主及上级领导对工程施工技术质量安全方面的检查意见和决定、工程变更等)			
备注				

记录人(施工员):　　　　　　　　　　　　项目负责人:

114.什么是工程变更? 工程变更需要履行哪些手续?

工程变更主要是施工图图示内容的调整。施工过程中尽量避免工程变更。工程变更的情况主要有以下几种：

（1）遇到原设计未预料到的具体情况，如土层开挖后发现新地质问题等；

（2）为保障质量和安全生产，工程监理提出变更要求。

工程变更的正常手续是，由拟变更的单位提出工程变更内容及变更理由，出具变更文件，请建设单位、施工单位、监理单位、工程设计单位讨论并签字盖章后，方可进行工程内容变更。

115. 农村生活污水处理工程中工程变更常见问题有哪些？

常见的问题有：

（1）变更过于随意，尤其在上级领导讲话后，未经相关单位的认可，单方工程变更，造成工程质量与工期不能保证，工程结算困难。

（2）施工人员擅自变更。由于施工条件、施工单位未搞清设计文件的设计意图或其他原因，施工方单方变更工程而又未办理相关手续，常造成工程质量与经费结算问题。

（3）建设单位为了减少投资，任意变更设计，常见的有降低配筋、改变砂浆比例、构筑物尺寸等。

（4）施工地点发生改变。这一问题在分散式农村生活污水处理中尤为突出，常因农户的原因而无法在原设计点进行施工，建设单位或施工单位未经设计单位许可就进行工程变更，造成设计标高、构筑物位置等与实际要求不符。

116. 什么是基坑(槽)边坡？基坑(槽)边坡设计应注意哪些主要问题？

在基坑、沟槽开挖过程中，为了保持坑壁的稳定、防止塌方、保证施工作业安全，当基坑(槽)超过一定深度时，应做成一定形式的边坡或采取可靠的支护措施。这个边坡就是基坑(槽)边坡。

坡度是基坑(槽)边坡重要设计参数，坡度以挖方深度 H 与边坡底宽 B 之比来表示(图 3-5)，即

$$土方边坡坡度 = \frac{H}{B} = \frac{1}{B/H} = \frac{1}{m}$$

$m = B/H$ 称为坡度系数，即当边坡高为 H 时边坡宽度为 $B = mH$。

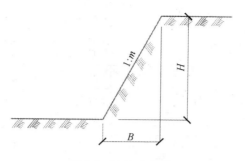

图 3-5　边坡示意图

　　基坑开挖时,如果边坡太陡,容易造成土体失稳,发生塌方事故;如果边坡太平缓,不仅会增加土方量,而且可能影响临近建筑使用和安全。因此,当基坑采取边坡开挖时,必须合理地确定基坑(槽)边坡的坡度,以满足安全和经济两方面的要求。

　　边坡可以做成直线边坡、折线边坡和带台阶的边坡。基坑边坡的坡度,一般由设计文件规定,当设计文件上未做规定时可按照《土方和爆破工程施工及验收规范》(GBJ 202—1983)的有关条文来确定。

　　土质均匀且地下水位低于基坑(槽)或管沟底面标高,其挖土深度不超过表 3-2 规定时,挖方边坡可做直壁而不加支撑。

表 3-2　不同土质下的最大挖方深度

土的类别	挖方深度/米	土的类别	挖方深度/米
密实、中密的砂土和亚黏土及亚黏土	1.00	硬塑、可塑的黏土和碎石类土	1.50
硬塑、可塑的轻亚黏土及亚黏土	1.25	坚硬的黏土	2.00

　　地质条件好、土质均匀且地下水位低于基坑(槽)或管沟底面标高,挖方深度在 5 米以内时,不加支撑的边坡最陡坡度应符合表 3-3 的规定。

表 3-3　深度在 5 米以内的沟槽边坡的最陡坡度*

土壤类别	边坡坡度(1/m)		
	坡顶荷载	坡顶有静载	坡顶有动载
中密的砂土	1:1.00	1:1.25	1:1.50
中密的碎石(充填物为砂土)	1:0.75	1:1.00	1:1.25

续表

土壤类别	边坡坡度（1/m）		
	坡顶荷载	坡顶有静载	坡顶有动载
硬塑的轻亚黏土	1：0.67	1：0.75	1：1.00
中密的碎石类土（充填物为黏性土）	1：0.50	1：0.67	1：0.75
硬塑的亚黏土、黏土	1：0.33	1：0.50	1：0.67
老黄土	1：0.10	1：0.25	1：0.33
软土（经井点降水后）	1：1.25		

*《给排水管道工程施工及验收规范》(GB50268—2008)

施工中，各个工程所遇到的具体条件差别很大，确定基坑边坡时，要根据现场的土质、排水情况、开挖深度、开挖方法、边坡留置时间的长短、边坡上荷载及临近建筑物情况综合考虑。对于较大的基坑，开挖后要验槽（图 3-6）。

图 3-6 对于较大的基坑开挖后要验槽

117. 农村生活污水处理工程中常遇到哪些不良地基？常用处理方法有哪些？

污水处理工程设施的荷载均匀作用于地基上。在实际工程地基施工中常常会遇到软弱土层,如淤泥、淤泥质土和部分填充土、杂填土及其他高压缩性土,这些土常含水量较高、孔隙大、抗切强度低、压缩性高、渗透性小,属于不良地基,需要进行处理后才能作为污水处理工程构筑物地基。

　　另外,实际工程地基施工过程中,往往会遇到易坍塌土质,这种地基也需要加固处理(图 3-7)。

图 3-7　不稳定、易坍塌的土质

　　不良地基处理的主要方法有:碾压及夯实、换土垫层、打桩加固、排水固结、振动挤密等措施。

　　(1)换土垫层。挖除一定深度的软弱土层,分层填入灰砂、石、灰土等材料,夯实振密(图 3-8)。

　　(2)碾压夯实。碾压是采用压路机、推土机、羊角碾或其他压实机械来压实松散土。夯实主要是利用起重机械将夯锤提高到一定高度,然后使锤自由落下,重复夯击以加固地基。

　　(3)打桩加固地基。在承压土层内,打入很多桩孔,在桩孔内灌入砂,挤密土层,减小土体孔隙率,增加土体强度(图 3-9)。桩体与周围原土组成复合地基,共同承受荷载。

图 3-8　素砼下垫层

图 3-9　打桩加固软地基

（4）振冲地基。砂土中利用加水和振动使地基密实,分为振冲置换法和振冲密实法两大类。振冲置换是在地基土中制造一群以石块、砂砾等材料组成的桩体,这些桩体与原地基土一起构成复合地基,这种方法适合处理黏性土、粉土等地基土。振冲密实是利用振动和压力使砂层发生液化,砂颗粒重新排列,空隙减少,从而提高砂层的承载力和抗液化能力。

(5)预压地基。在构筑物施工前,对建筑地基进行预压,使土体中的水通过砂井或塑料排水带出,产生固结,同时孔隙比减小,抗剪强度提高。

(6)注浆加固地基。利用水泥浆液、黏土浆液或其他化学浆液,采用压力灌入、高压喷射或深层搅拌,使浆液与土颗粒胶结起来,改善地基土。

在实际工程施工中,要根据工程地质条件、工程对地基的要求、施工器具、材料来源及周边环境影响因素综合考虑,比较几种可供选择的地基处理方案,从中选择一种技术可靠、经济合理、施工可行的方案,有时需要综合应用多种地基处理方法。尽管可以通过工程措施解决绝大部分地基不良的问题,但是不良地基处理通常需要增加可观的投资成本,因此,尽可能重新选址以减少工程投资,尤其对于分散型的小型污水处理系统,其选址灵活性大,一般可以通过重新选址解决地基问题。重新选址应与勘察设计部门商讨后共同决定,切忌建设方单方随意确定新址,以免出现新的工程问题。

118. 施工开挖基坑地下水位过高怎么办?

工程施工开挖基坑地下水位过高(图 3-10),即水处理构筑物基坑设计高程在常年地下水位以下时,需要采取相应的降水措施,疏干土体中水分,促进土体固结,提高基坑整体强度和施工安全系数。常用的降水方法有管井井点降水和轻型井点降水。

(1)管井井点降水。管井井点由滤水管、出水管、抽水设备等组成,每根管井配一台潜水泵抽水。

(2)轻型井点降水。在基坑周围竖向埋设一系列深入含水层的井点管,再将井点管与连接管、集水管、水泵相连后,进行抽水。

管井井点靠重力被动集水,轻型井点靠真空主动吸水。

降水施工时的注意事项有:

(1)降水施工适合在地下水位较低的枯水季节实施;

(2)降水施工专业技术要求高,需要请有丰富降水经验的专业人士制定施工方案;

(3)降水施工抽水必须一次完成,需要做好充分准备工作,严防断电、物资不足造成的抽水停顿;

图 3-10　开挖基坑施工地下水位过高

（4）降水过程，周围建筑物下地层平衡受到破坏，基坑开挖后，地层失去压力平衡，有可能导致临近建筑物产生不均匀沉降。因此，降水施工需要提高降水速度，缩短降水时间，加快地下工程进度，加固附近建筑物地基，或者采用回灌地下水的方法保持附近建筑物地基稳定。

119. 开挖土方如何计量？

开挖土方量计算方法较多，其中一种是按《建筑工程工程量清单计价规范》（GB50500—2008）附录 D 中"市政工程量清单项目及计算规则"条款规定计算。挖沟槽土、基坑石方工程量计量规则为：按原地面线以下按构筑物最大水平投影面积乘以挖土（石）深度（原地面平均标高至槽底高度）的体积计算。

另外，工程施工开挖土方量可按实际开挖台体体积计算，常用的土方开挖量计算公式如下：

（1）圆柱体：体积＝底面积×高

（2）长方体：体积＝长×宽×高

（3）正方体：体积＝棱长×棱长×棱长

（4）拟柱体（图 3-11）：体积 = $\dfrac{基坑深度}{6}$（基坑上底面积 A_1 + 4 × 基坑中

截面积 A_0 + 基坑下底面积 A_2）

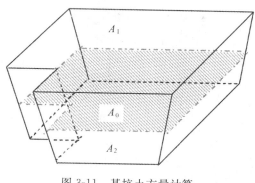

图 3-11　基坑土方量计算

120. 钢筋混凝土池适用场合有哪些？钢筋混凝土池体施工应注意哪些问题？

钢筋混凝土是钢筋与混凝土的组合，具备较好的抗压、抗拉强度。污水处理工程中地上池体需要承压，一般采用钢筋混凝土结构。处理水量较大的集中式污水处理厂污水处理构筑物大多采用钢筋混凝土结构。钢筋混凝土池体的施工过程一般包括：绑扎钢筋（图 3-12）、立模板（图 3-13）、混凝土浇筑（图 3-14）、养护、拆模 5 个步骤。

在农村生活污水处理工程中，钢筋混凝土构筑物施工应特别注意以下问题：

（1）农村生活污水处理工程钢筋混凝土构筑物浇筑量一般较少，在施工前应做好预制混凝土的运输车、浇筑料斗、振动器等混凝土浇筑设备准备工作以及供水、照明等其他保障工作，确保混凝土一次浇筑完毕。

（2）混凝土浇筑入模后，要求振动器等设备振捣到位，保证混凝土的均匀性、密实性，以免出现蜂窝、孔洞、麻面等。振捣不到位是盛水构筑物渗漏的主要原因。

（3）通过浇水润湿、覆盖等养护措施，加速混凝土凝固，当混凝土强度达到其表面及棱角不受损伤时，拆除模板，完成钢筋混凝土池体施工；一般养护时间不少于 14 天。切忌为了缩短工期，过早拆除模板进行下一步施工。

图 3-12　污水处理工程水池底板绑扎钢筋

图 3-13　污水处理工程混凝土构筑物立模板

图 3-14　浇筑完混凝土的污水处理池底板

121. 砖砌结构池体施工应做好哪些准备工作？具体步骤是什么？

　　某些承压要求低的池体，如集水池、化粪池、分散式小型污水处理单元池体等，为控制投资成本，通常采用砖砌结构（图 3-15）。砖砌施工前应做好以下准备工作：

　　（1）砖石砌筑前将砖石表面上的污物清除，砖石应浇水湿润。

　　（2）准备水泥砂浆。

　　（3）准备施工工具：大铲、瓦刀、拖线板和线锤等。

　　根据《给水排水构筑物施工规范》，砖砌结构池体施工过程主要有以下几个步骤：

　　（1）放线：确定池体的具体尺寸。

　　（2）砌筑：砖砌池壁各砖层间应上下错缝，内外搭砌，灰缝均匀一致。水平灰缝厚度和竖向灰缝宽度控制在 8～12 毫米之间，适宜为 10 毫米。圆形池壁，里口灰缝宽度不应小于 5 毫米。砌砖时砂浆应满铺满挤，挤出的砂浆应随时刮平,严禁用水冲浆灌缝,严禁用敲击砌体的方法纠正偏差。

　　(3)检查:砌体工程质量应符合国家《给水排水构筑物施工及验收规范》(GB141—90)、《砌体工程施工及验收规范》(GB50203—2002)等。

图 3-15　砖砌结构

122.混凝土强度评定等级有哪些? 不同构件应符合怎样的混凝土强度要求?

　　混凝土强度,即混凝土立方体抗压强度,是混凝土的力学性能指标,用于表征其抵抗外力作用的能力。根据《混凝土强度检验评定标准》(GB/T50107—2010),混凝土的抗压强度主要有 C15、C20、C25、C30、C35、C40、C45、C50、C55、C60、C65、C70、C75、C80 这 14 个等级。根据《混凝土结构设计规范》(GB50010—2010)要求,素混凝土结构的混凝土强度等级不应低于C15;钢筋混凝土结构的混凝土强度等级不应低于 C20;采用强度级别 400兆帕及以上的钢筋时,混凝土强度等级不应低于 C25;承受重复荷载的钢筋混凝土构件,混凝土强度等级不应低于 C30;预应力混凝土结构的混凝土强度等级不宜高于 C40,且不应低于 C30。

123. 冬季、雨季施工应注意什么?

冬季低温主要会造成暴露地基冻融使其强度下降、混凝土凝固质量降低、设备内存水结冰造成设备破坏等问题;雨季雨水冲刷容易造成坑基塌方、混凝土水分增加等问题,从而影响整个工程质量。因此,在污水处理工程施工时,应尽量避免在这些天气情况下施工。但在实际工程施工过程中不可避免会遇到这些情况,尤其在南方地区,雨季长,难以做到完全避开雨季施工。在这些天气情况下施工时应参照《给排水施工及验收规范》施工,特别注意如下事项:

冬季施工应注意:

(1)钢筋工程。钢筋焊接时,环境温度不宜低于－20℃,工地上应做好防雪挡风措施。

(2)模板工程。模板使用前,将冻块、冰渣等彻底清除干净,混凝土浇筑前模板表面覆盖保温层。

(3)混凝土工程。冬季施工期间,混凝土工程宜采用综合蓄热法施工,外加剂不得采用氯盐类防冻剂。混凝土搅拌时间延长 1.5 倍,混凝土入模温度不得低于 5℃。

雨季施工应注意:

(1)土方工程。土方开挖与回填应分段进行,一旦开挖完毕应及时组织验槽和及时浇筑垫层混凝土,防止雨水冲淋基础。土方回填应尽快进行,防止雨水浸泡基坑。

(2)钢筋工程。钢筋原材料及已经加工的半成品避免淋雨生锈,如果钢筋生锈,应在浇筑混凝土前用钢丝刷等工具将锈迹彻底清除干净。

(3)模板工程:模板存放地点应设置防雨棚,防止模板表面涂刷的脱模剂因雨水直接冲刷而脱落,影响脱模效果和混凝土表面质量。已经搭建完的模板,雨后重新检查,防止模板淋雨后松动。

(4)混凝土工程:浇筑混凝土前,查看天气预报,避免混凝土浇筑中突然受雨淋。

124. 什么是施工缝? 常用施工缝有哪些类型?

受施工劳动力、机械设备、气象等条件限制,同一混凝土构件浇筑工序通常不能同一批次完成。混凝土构件不能一次浇筑完成时,在预先选定的临时浇筑结束位置设置施工缝。施工缝是两次混凝土浇筑的结合界面,恰当设置施工缝位置及合理处理施工缝界面是保障混凝土水池不漏水的关键。农村生活污水处理工程规模一般较小,施工缝一般设置在池壁上与地面平行的位置(距底板 20 厘米以上)。常用的施工缝主要有平口缝、楔口缝(凹缝、凸缝、“V”形缝、阶形缝)和钢板止水缝几种(图 3-16),其中凹缝在农村生活污水处理工程中应用较多。

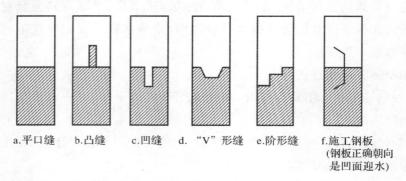

　　a.平口缝　　b.凸缝　　c.凹缝　　d.“V”形缝　　e.阶形缝　　f.施工钢板
　　　　　　　　　　　　　　　　　　　　　　　　　　　　　　　(钢板正确朝向
　　　　　　　　　　　　　　　　　　　　　　　　　　　　　　是凹面迎水)

图 3-16　施工缝形式

凹缝一般在混凝土浇筑达到预定界面时,压入形状规整的木条,待混凝土接近硬化时取出木条,并将混凝土凹槽表面凿毛,使两次混凝土浇筑接触面即施工缝表面粗糙。在下次浇筑混凝土前,特别注意将施工缝表面杂物及积水清理干净。

有些混凝土构件必须一次性浇筑完成,不设施工缝,例如,①水池底板;②风机、水泵等动力设备基础;③池顶。

125. 水管可以直接穿过混凝土池壁吗?

水管不可以直接穿越混凝土池壁。水管直接穿过混凝土池壁是农村生活污水处理施工中的常见错误之一。考虑到管道后期更换维护、混凝土池体沉降等因素,水管穿越混凝土池体时,需要通过防水套管。套管由翼环和钢管两部分组成(图 3-17)。套管的施工过程如下:

(1)在混凝土浇筑之前,套管焊接在钢筋上固定,模板支撑;

(2)混凝土浇筑时,套管直接浇筑在混凝土结构中;

(3)水管穿过套管,套管和水管之间先填充油麻丝,油麻丝填充厚度是墙体厚度的 1/3,油麻丝外面用石棉水泥、无毒密封膏封口,起到防止漏水及水管晃动的作用(图 3-18)。

图 3-17　套管实物图

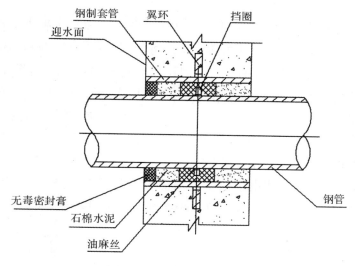

图 3-18　套管安装方式示意图

126. 什么是膨胀止水条、橡胶止水条?

膨胀止水条是高分子、无机吸水膨胀材料与橡胶及助剂合成的一种新型建筑防水材料,其主要性能是吸水后体积膨胀,形成不透水的可塑性胶体,可挤密混凝土之间的缝隙。

橡胶止水条是用于构筑物或管渠变形缝(为防止因热胀冷缩、不均匀沉降或地震等造成对水处理构筑物结构破坏,预先在结构可能变形位置人为设置缝隙,即变形缝,保证充足的变形空间)之间,用于防止接缝面产生渗漏的带状橡胶制品。它是以天然橡胶或各种合成橡胶为主要原料,掺入多种助剂和填充料,经塑化、混炼、压延和硫化等工序制成的止水带。

127. 污水处理盛水构筑物发生渗漏后如何补漏?

渗漏是污水处理工程池体常见问题。渗漏一般只在池体施工完成后的满水试验检测中才能发现。通常在标记渗漏点后,根据不同渗漏位置或特征,采取相应措施:

(1)施工缝渗漏

主要原因:局部施工缝未做糙化处理;施工缝混凝土强度不足时即开始凿毛等作业;施工缝未清理干净或积水;施工缝上部砼浇筑前未做接浆处理、模板不严密、浇筑混凝土过厚漏振或振捣不足等原因,都可造成施工缝渗漏。

处理办法:采取内外壁分别修补的方法进行处理。在满水情况下修补水池外壁,将水放空后再修补水池内壁。将渗漏的施工缝部位剔成 3～5 厘米深、2～3 厘米宽的沟槽,用钢丝刷和压力水将槽内浮渣清除干净,不积水后,用 1:2 防水砂浆修补。沟槽分 2～3 层填实,露筋的部位要仔细填塞。分层修补的时间间隔不少于 8 小时,分层填塞前,底层刷水泥素浆。每层压实、抹光,不得使修补面产生微裂现象。

(2)池体局部混凝土片状渗漏

主要原因:局部墙体由于池壁过高浇筑混凝土产生离析、局部漏振、钢筋过密处振实不足等原因,造成池壁表面潮湿而未见渗流,或呈细微可见的渗流。

处理方法:采取水池内外壁分别修补的方法进行处理。较轻的渗流部位可将表面凿毛、刷净,按补漏速凝剂 3 层做法作表面处理。具体做法是:用干布将基面擦干后迅速用抹子上第一层料;待涂层硬化后擦干表面上第二层料;再用同样的方法上第三层料。上料时要稍用劲并来回多抹几次使涂层密实,同时注意搭接。水池内壁处理时加抹 10～15 毫米厚的加强防水层。

（3）局部穿墙孔、管、埋件渗漏

主要原因：模板对拉螺栓松动；预埋管（件）下振捣不实、止水钢圈薄且小。

处理办法：采取内外壁分别修补的方法进行处理。满水情况下修补外壁，用凿子或冲击钻将漏水处打出具有一定深度（一般约5厘米）且尽量用里大外小的口子，口子尽可能打得小些，然后冲洗干净。将补漏速凝剂捏成略小于漏水口尺寸的料团，稍硬后塞进漏水口，并用木棒挤实，即可瞬息止漏；然后用抹子封口。放空水池后再修补水池内壁。

（4）变形缝渗漏

主要原因：止水带周围的混凝土未捣实，止水带破损，膨胀条安设严重偏移，造成渗漏。

处理方法：局部轻微的渗漏可采取加深变形缝嵌缝密封胶的深度和外贴防水材料的办法处理。将渗漏部位以外1米以内的缝板剔净（注意不损坏止水带），用热风吹干。然后用密封胶将内外缝分层填实。若止水带部位混凝土不密实或止水带移位，应局部剔凿并修补混凝土后，再修补内外缝。

（5）混凝土裂缝渗漏

主要原因：不均匀沉降裂缝，砼温缩裂缝，贯通性毛细孔裂缝。

处理方法：新浇筑砼裂缝多为细微裂缝（龟裂），且成片出现。可将混凝土裂缝表面用钢丝刷刷毛并清理干净，热风烘干后直接涂刷环氧树脂胶泥2～3道，每道间隔12小时。

（6）其他

除上述渗漏问题外，还存在简易污水池砖砌体渗水（图3-19）、混凝土池体、砖砌池体底部漏水（图3-20、21.22）、砖砌体与混凝土构件连接部分漏水（图3-23）。

主要原因：多为施工存在严重问题造成池体渗漏。例如，池体施工中无底板（图3-24）、底板无钢筋或配筋不符合要求（单层筋、配筋过少等，图3-25）都会造成池底渗漏（图3-20、21、22），无水排出。另外，砖砌体砌筑砂浆及砌筑方法不合要求、砖材料强度不符合要求，是砖砌池体渗漏（图3-19）的主要原因。另外，施工方法不正确损坏池底及墙体，例如，人工湿地铺底层卵石时采用挖机斗直接倾倒砸坏底板，这对于采用抗渗膜防渗的池体尤其有害。

处理办法:由施工造成的池体渗漏通常无法修复,只能重新施工,投资损失严重。

图 3-19　简易污水池砖砌渗水

图 3-20　池底漏水,无水排出

图 3-21 池底污水渗出

图 3-22 底部渗漏的土化粪池

图 3-23　砖与混凝土连接处渗漏

图 3-24　无底板的化粪池

图 3-25　底板钢筋铺设不符合规范

128. 砖砌体结构池体有哪些具体施工要求？

根据《给水排水工程构筑物结构设计规范》，砖应采用黏土机制砖，强度等级不低于 MU10；石材强度等级不应低于 MU30；砌筑砂浆应采用水泥砂浆，不低于 M10。砖砌体施工要求如下：

（1）砖体整齐，横平竖直，每两层砖的结合面必须水平，防止垂直载荷作用下发生剪力使砂浆与砖体分离以致发生砌体破坏。此外，砌体表面必须垂直，否则会由于稳定性不足而发生砌体倒塌。

（2）灰缝饱满均匀。在砖与砖之间接触面的灰缝厚度必须均匀饱满，以保证不致因传力不均发生弯折。另外，可避免因透风漏水失去结构的密实性。

（3）砌缝交错。相邻两砌层的竖封必须相互错开，以免由于出现通缝以致在垂直荷载下产生裂缝，使砌体失去整体性。

（4）接槎可靠。当砌体不能同时沿水平或垂直方向砌筑时，在其交接处，先砌筑的部分必须留"槎"，后砌筑的部分则需要仔细接"槎"，以保证砌体形式合理,结合可靠。

129. 农村生活污水处理工程施工时,应从哪些方面加强安全施工监管力度?

农村生活污水处理工程由于工程量通常较小、施工点分散、施工技术要求简单,施工单位和建设单位常忽视施工安全问题。然而,这类"小"工程出现事故的可能性并非没有,因此,施工与建设单位仍应强调、落实"安全第一,预防为主"的方针,加强施工现场安全管理,落实安全生产责任制,制定安全管理计划,建立安全生产监管机构,明确安全人员责任目标。施工与建设单位应特别强调:

(1)建立符合国家和地区有关政策、法规、条例和规程的安全生产制度,明确安全责任。施工单位基本上不做这方面的工作,特别当村自行组织施工时更容易忽视。

(2)无论工程量大小,工程施工都必须有施工安全技术措施,并要求包含在施工设计之中。制定的安全技术措施应结合工程实际、切实可行,必须符合国家颁发的施工安全技术法规、规范及标准,并要求与工程相关的全体人员认真贯彻执行。

(3)安全教育与训练不可少,从思想上与技术上增强安全生产意识,普及安全生产知识,减少人为失误。农村生活污水处理工程施工中,几乎很少有单位进行安全生产教育,特别是"土"泥水工施工时,安全意识薄弱。

(4)做好、做实安全生产检查工作,一旦发现不安全行为和不安全状态,及时消除事故隐患,落实整改措施,安全生产要做到"铁面无私"。

(5)一旦发生事故,应采用严肃、认真、科学、积极的态度,依法处理好已发生的事故,尽量减少损失。

130. 什么是安全警示标志? 施工现场常用哪些安全警示标志?

根据国家《安全标志》(GB2894—1996)有关规定,安全警示标志是用来表示特定安全信息的标志,由图形符号、颜色、边框组成,主要有:(1)禁止标志,禁止人们不安全行为的图形标志,一般是白底红框带红色斜杠的圆形图案;(2)警告标志,提醒人们的注意事项,避免可能发生的危险,一般是黄色黑框的正三角形图案;(3)指令标志,强制人们必须做出的某种动作或采用防范措施的图形,一般是蓝底白色圆形图案;(4)提示标志,向人们提供某种信息的图形标志,一般是绿底白色图案。

　　农村生活污水处理工程施工现场常用的安全警示标志是禁止标志(图 3-26)和警告标志(图 3-27)两类。

(a) 禁止吸烟　　　　(b) 禁止合闸　　　　(c) 禁止通行

图 3-26　常用禁止标志

(a) 注意安全　　　　　　　　(b) 当心触电

(c) 当心坠落　　　　　　　　(d) 当心滑跌

图 3-27　常用警告标志

　　安全警示标志牌一般在管理相对规范的集中式农村生活污水处理工程中应用较多,主要用于提醒相关人员注意安全,避免事故发生(图 3-28)。

图 3-28　污水处理厂中的警示牌

131. 施工现场"五牌一图"指什么？

根据《建筑施工安全检查标准》规定，施工现场工地入口处必须放置"五牌一图"，即工程概况牌、管理人员名单及监督电话牌、消防保卫牌、安全生产牌、文明施工牌，施工现场平面图。对于施工点分散、工程面大的村落，也应在村口等明显的位置上设置这些标志。

（1）工程概况牌主要介绍项目名称、工程地点、建设单位、设计单位、监理单位、施工单位、开工时间、竣工时间、项目经理等信息。

（2）管理人员名单及监督电话牌主要介绍项目经理、工程技术负责人、施工员、质检员、安全员等人员姓名、工程监督电话等。

（3）消防保卫牌主要介绍施工现场消防保卫制度，比如规定易燃易爆物品的存放、保管方式方法等。

（4）安全生产牌主要介绍施工现场的安全生产规章制度，比如明确进入施工区域必须佩戴安全帽，不准穿硬底鞋、高跟鞋等制度。

（5）文明施工牌主要介绍施工现场文明施工的管理制度，如：明确不能乱扔杂物、夜间施工、工地洒水等。

（6）施工现场平面图主要以图的形式说明施工材料摆放位置、工人生活、休息区。

132. 施工人员应重点防范哪些安全事故？主要防范措施有哪些？

施工人员应重点防范高空坠落、触电、设备机具伤害事故。施工过程严格按照规范操作，主要的安全事故防范措施有：

（1）施工人员进入施工现场必须戴安全帽。

（2）高处作业必须系安全带，并设置防护措施，各措施符合《建筑施工高处作业安全技术规范》（JGJ80—91）的要求。

（3）施工作业使用高凳、梯子时，必须认真检查牢固性，梯子等必须采取防滑措施，不得垫高使用。

（4）施工用电，必须遵守《施工现场临时用电安全技术规程》。

133. 污水处理工程中钢管连接方式有哪几种类型？

钢管连接方式主要有焊接、法兰连接和丝扣连接 3 种形式。

（1）焊接。施工现场，一般采用手工电弧焊（图 3-29）。通常将焊条置于

图 3-29　施工现场的焊接

焊口上方,熔化的钢水流入焊缝,使两段钢管连接。电弧焊工艺涉及的焊接层数、焊条直径和电流强度等操作应根据管径、壁厚确定。

(2)法兰连接。法兰连接的方法是先将两段钢管各自固定在一个法兰盘上,再将两个法兰盘之间垫上垫片防止漏水,最后用螺栓将两个法兰盘固定连接在一起,两段钢管完成连接。法兰连接是一种可拆连接,方便日后维护和管道更换。法兰连接应特别注意的是:

①检查法兰盘垫片密封性,防止法兰接口处漏水。

②法兰螺栓孔应保证螺栓的自由穿过,不得用强紧螺栓的方法消除法兰螺栓孔的歪斜。应使用相同规格螺栓,且安装方向应一致。另外,必须选择相同直径的法兰盘,法兰盘上的螺栓孔应一一对应,严格禁止图 3-30 所示的法兰连接方式。

图 3-30　不正确的法兰连接

③严禁先拧紧法兰螺栓再进行法兰盘焊口的操作。

④与法兰接口两侧相邻的第一至第二个刚性接口或者焊接接口,待法兰螺栓固定后再施工。

(3)丝扣连接(螺纹接)。丝扣连接是通过一个有内螺纹的钢管和另一个有外螺纹的钢管通过内外螺纹绞合连接起来的管道连接方式,类似螺栓和螺母的连接方式。钢管采用丝扣连接时,应注意:

①管节的切口断面应平整,偏差不能超过 1 扣,丝扣应当洁净;

②接口紧固后宜露出 2～3 扣螺纹;

③为防止漏水,管道螺纹处可以垫密封材料,如生料带等。

134. 硬聚氯乙烯(UPVC)如何连接?

UPVC 管道接口有承插式、熔接式、黏结式 3 种形式,最常用的是黏结接口。

(1)承插口连接。承插口连接是将管道的插口插入管道的承口内,将两根管道连接起来(图 3-31)。承插口连接适用于管径为 D63～D315 管道的连接。承插式连接的承口应逆水流方向,插口应顺水流方向。

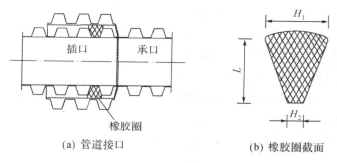

(a) 管道接口　　　　　(b) 橡胶圈截面

图 3-31　硬聚氯乙烯(UPVC)双壁波纹管接口示意图

承插接口作业时需要在接口连接前,检查橡胶圈是否配套完好,确认橡胶圈安放位置及插口应插入承口的深度并做好标记;将承口内胶圈工作面涂上润滑剂,然后立即将插口端的中心轴对准承口的中心轴线插入就位。

(2)热熔连接。采用专门的热熔设备将连接部位表面加热,使其熔融部分连接成整体的连接方法。

(3)黏结式连接。黏结式连接是采用 UPVC 胶黏剂将 UPVC 管材连接部位黏结成整体的连接方法(图 3-32),溶剂黏结是 UPVC 管道连接使用的最普遍方法。

油刷蘸胶黏剂沿承口管及插口轴向涂刷,先涂承口,再涂插口。

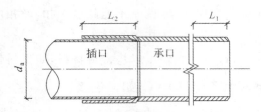

图 3-32　UPVC 管材黏结式连接

135. 污水管和其他管线有交叉时怎么处理？

施工过程出现新建管道之间或者与已有管道交叉的冲突问题，首先按照设计要求施工，没有设计要求，按照如下原则处理：

(1)当排水管道与上水、电缆、通讯电缆管道交叉时，排水管道应在下侧。

(2)当排水管道在下方穿越铸铁管和钢管时，应在铸铁管和钢管下方每隔 2~3 米砌砖墩，每节管道不少于 2 个砖墩。当排水管道在上方穿越铸铁管和钢管时，应对下方的铸铁管和钢管加设套管或管廊加以保护。

(3)当重力流管道与其他管道设计高程冲突时，应对其他管道进行调整。被调整管道在重力流管道下方，应采取必要的保护措施。

136. 设备开箱验收、移交需要做好哪些主要工作？

农村生活污水处理工程常常由于施工管理较为粗放，在设备安装施工中，经常出现材料与设备交接的纠纷问题，其中开箱验收与设备移交手续不完善是纠纷产生的重要原因。一般情况下，在设备到场时，需供货单位、施工单位、建设单位、监理单位的工程相关管理人员到场，共同做好下列工作：

(1)填写《设备开箱验收记录》，登记生产厂家、型号规格、出厂日期、出厂编号、数量等设备信息。

(2)检查包装外观及核对资料：①包装是否完整、无损坏；②核对产品型号；③是否有出厂合格证；④是否有出厂试验报告；⑤是否有说明书；⑥是否有图纸及其他相关资料；⑦设备外观是否有损坏锈蚀；⑧核对产品附件；⑨核对其他产品需要核对的内容。

供货商与接收方代表、监理工程师等签字完成开箱验收手续。将设备及设备箱内所附的技术资料和质量证明材料，如图纸、说明书、质保书、合格证、测试报告等转交给保管人时，由移交人、接收人双方签字确认，完成移交手续。

137. 何为设备"三找"?

找平：设备的水平度达到设计要求的过程；常用仪器有水平仪、水管连通器、水准仪。

找正：设备的中心线与设计的安装中心线重合的过程；常用方法有挂线、挂边线、直角尺法。

找标高：设备安装高度达到设计规定高度的过程。

138. 污水管道保温常用的保温材料有哪些? 如何进行管道保温施工?

为防止污水管道在冬季冻裂破损，常常在污水管道外皮设置保温层。常用的保温材料有岩棉、硅藻土石棉灰、聚苯乙烯泡沫制品、矿渣棉、膨胀珍珠岩等。材料的保温性能是以其导热系数衡量的，导热系数越小保温性能越好。在农村生活污水处理工程中常用聚苯乙烯泡沫制品作为保温材料，具有保温效果好、价格低廉等优点。

管道的保温结构一般由保温和保护层组成。保护层的作用是阻挡环境和外力对保温材料的影响，延长保温结构的使用寿命，并使外观整齐美观。管道保温施工方法主要有涂抹法、填充法、捆扎法及预制块法四种。

(1)涂抹法：将保温材料（石棉灰、石棉水泥等）拌和成胶泥状，分层涂抹于管道上，每层厚度 10～15 毫米，最后压实抹平(图 3-33)。

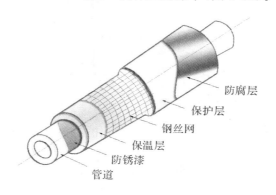

图 3-33 涂抹法保温施工

(2)填充法：将松散的保温材料（膨胀珍珠岩、矿渣棉类）填充在管外的支撑或镀锌铁丝网中。

（3）捆扎法：将软质保温材料（如玻璃棉毡、矿渣棉毡等）剪成所需大小的条块，在管道上捆扎一层或几层，用直径 1～1.4 毫米的镀锌铁丝绑扎（图 3-34）。

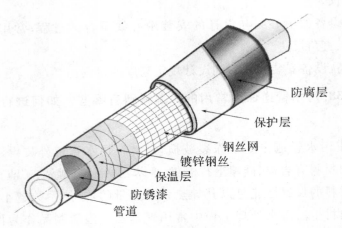

防腐层
保护层
钢丝网
镀锌钢丝
保温层
防锈漆
管道

图 3-34　捆扎法保温施工

（4）预制块法：将水泥膨胀珍珠岩等保温材料制成半圆管壳、扇形或梯形瓦块，用镀锌铅丝将预制块绑扎在管道上（图 3-35）。

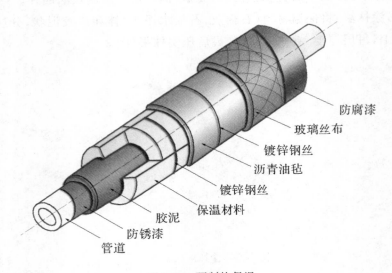

防腐漆
玻璃丝布
镀锌钢丝
沥青油毡
镀锌钢丝
保温材料
胶泥
防锈漆
管道

图 3-35　预制块保温

139. 农村生活污水管道施工常见问题有哪些?

(1)生活区村民房屋密集,外墙间距很小,甚至不足 1 米(图 3-36),污水管道沟开挖时容易破坏房屋地基,造成房屋外墙损伤,埋设污水管道施工困难。这一问题是农村生活污水截污难的重要原因。

图 3-36　房屋密集,管网施工难度大

(2)管道老化、破损。由于 PVC 管材价格低廉、施工难度小,目前农村生活污水输送通常采用 PVC 管。然而,PVC 管受到自身材料性质限制,容易老化,特别是室外 PVC 管道,PVC 管道老化破损已经成为农村截污设施损毁的主要原因(图 3-37)。因此,PVC 管需要包覆保护层,减缓管道老化。

(3)管道无支撑、无固定。由于管内水流惯性力的作用,在管道弯头、三通、堵头及叉管处产生纵向或者横向拉力。为了保护管道不受破坏,防止管道节口受拉脱位,应根据管径大小、转弯、管内压力及设计要求设置支墩或者锚定结构。农村生活污水收集管网中,常会出现管道无固定、管道转弯无支撑的现象,经数年甚至数月运行后会完全脱落损坏(图 3-38、39、40)。

(4)管道转弯不设窨井。污水管道转弯处需要设置窨井,以便污水管道

图 3-37　裸露 PVC 管道老化破损

图 3-38　裸露无包覆、无支撑的 PVC 管道

转弯处堵塞物疏通、弯头检修。但农村污水管道施工中,转弯常用弯头代替
窨井(图 3-40),这给以后水管堵塞留下了隐患。

　　(5)管道埋深过浅。管道埋设深度通常指管道的内壁底到地面的距离。
在管道安装施工中,管道外壁顶部到地面的距离称为覆土厚度。为了保护
管道不受地面重物压破,要求管道上方有一定覆土厚度。农村生活污水收
集管道常常出现管道与地面平甚至高于地面的现象(图 3-41),这类管道极
易受到损坏。

图 3-39 排水管无支撑,容易脱落

图 3-40 污水管裸露,无固定

图 3-41　污水管道埋深过浅

140. 管道阀门安装常见问题有哪些？

（1）阀门安装没考虑操作及后期检修维护。阀门主要用于控制管道污水输送通断，在污水处理工程中经常需要开关阀门操作。另外，阀门也常因异物堵塞、污水锈蚀等原因需要检修维护或者更换。因此，阀门安装位置及安装工艺必须便于阀门后期使用及维护，如图 3-42 所示的阀门安装位置太高，给操作带来不便。

（2）管道可以埋设在地下，但安装在地下管道上的阀门需要检修和更换，因此不能埋于地下用水泥封死以至于无法检修（图 3-43）。当阀门在地下时，要在地下为阀门设置一个"房间"，将阀门安装在阀门井中。为了防止阀门井积水，需要在阀门井中设置排水管。排水孔标高要合适，不可使阀门井内积水（图 3-44）。

图 3-42 阀门位置设置太高

图 3-43 阀门被水泥浇死,无法检修

图 3-44　阀门井要有正确设置的排水管,防止积水

(3)冬季气温下降至零度以下时,阀门管件中的污水结冰,会使阀门胀裂(图 3-45),因此冬季应特别注意阀门防冻。可采取包覆保温材料、排空污水管内积水等措施防止阀门冻裂。

图 3-45　阀门被冻坏

第四部分 运行维护

141. 农村生活污水处理工程完工后为什么需要进行调试？

污水处理工程完工并通过施工工程验收后并不代表污水处理设施可以立即投入正常使用，污水处理系统还有一个重要的工作，即调试过程。调试有设备调试，即设备单机调试、设备联动调试和处理系统工艺调试，也就是对整个污水处理系统的处理效率进行试运行调试。施工完成、设备联动调试完成后只说明污水处理系统机械系统、构筑物达到设计要求，但其运行工艺参数、微生物种群与数量、运行成本、设备安全性常不能满足实际运行最佳要求，这就需要系统启动、调试直至正常运行。因此，调试是污水处理设施投产前的一项重要工作，其作用主要有以下几个方面：

（1）发现并解决设备、设施、控制、工艺等方面出现的问题；

（2）实现工艺设计目标，通过工艺调试使出水水质达到设计要求；

（3）确定在实际进水水量和水质条件下各项工艺参数及其组合，在水质达标的前提下，尽可能地降低成本；

（4）工艺要求系统启动需要一个渐进调整的过程。

142. 农村生活污水处理厂（站、点）运行管理操作规程包含哪些内容？由谁来制定？

农村生活污水处理工程操作规程是指导污水处理设施运行维护管理的技术文件，是污水处理工程管理和技术人员行为准则，是建立农村生活污水处理长效运行管理机制的基本保证。它规定和包含了以下主要内容：

（1）对污水处理工程整体情况和工艺特点进行介绍与说明；

（2）污水处理工程对运行管理者技能水平的基本要求；

（3）明确管理者的分工和职责，建立基本管理体制；

（4）污水处理各种设备的功能和运行使用说明、维护方法；

（5）污水处理运行操作和维护技术的安全防护措施；

（6）污水处理工程应急预警方案。

143. 农村生活污水处理工程运维中的主要危险源有哪些？

农村生活污水处理工程运维中主要的危险源有触电、高空坠落、水池落水、有毒有害气体中毒、易燃易爆气体爆炸和火灾、机械伤害、生物感染伤害等。

（1）触电。尽管农村生活污水处理系统相对简单，在某些情况下仍配备有水泵、风机及照明等电气设备。这些设备常年在室外潮湿、腐蚀环境下运行，绝缘层易老化或遭受机械损伤，人触碰时易发生触电事故，造成人员伤害。为预防触电事故发生，需要定期检测电器设备，及时更换老化电缆。

（2）坠落。坠落也是污水处理工程运维中的危险因素之一，检修污水处理工程高处设备或管道以及下到较深的池底时，要特别防范坠落伤害。所用到的梯子、平台和高处通道均需安装符合国家劳动安全保护规定的安全护栏。定期检查构筑物上的走道板、栏杆和爬梯，如有晃动、腐蚀，应及时维修或更换。

（3）人员落水。大部分农村生活污水处理池一般是封闭、加盖的，分散式污水处理池水深也较小，正常情况下一般不太会发生人员落水问题。但在防护设施不到位及工作人员违规操作时就有可能发生人员落水甚至溺亡事故，特别是雨天及冰雪季节地滑容易导致水池落水事故。对于开敞式的污水池，应在周围设置防护栏和安全警示标志，必要时在水池边上配备专用救生衣、救生圈和安全带。

（4）有毒有害气体。污水处理工程中产生有毒有害气体是人员伤亡的主要原因之一。其主要来源是污水格栅间、曝气池、储泥池、污泥脱水机房、污泥消化池、污泥浓缩池等。有毒害或者窒息作用的物质主要是硫化氢、一氧化碳和氨等。其中，硫化氢气体中毒事故在污水处理中发生频率较高。有毒有害气体急性甚至致命伤害事故主要发生在进行池下或井下维护作业时。防范此类事故的主要措施是在下池、下井前，做好安全交底，池底、井底强制通风，采用专用仪器连续检测有毒有害气体浓度，安全条件具备后方可下池、下井。必要时，将活体小动物如鸡、狗放入池体或井中测试有毒有害气体无误后才能下池、下井。进池操作时,池外必须有人进行安全保护,防止意外发生。

（5）易燃易爆气体。污水处理工程中易燃易爆气体主要是甲烷。污泥消化池、长期封闭的窨井内厌氧微生物分解污泥或井内底泥中有机物产生甲烷。甲烷是爆炸性气体,甲烷累积至一定浓度遇明火会发生燃烧爆炸。因此,应特别注意查看厌氧池、窨井等,禁止明火,防止儿童嬉戏扔爆竹、鞭炮等火种。

（6）机械伤害。污水处理工程中常用的泵、风机等的外露运动部件安全防护装置丢失或失效、违章带电检修等,均可造成机械伤害。

防范机械伤害的措施有在设备的外露可动部件设置必要的防护网、罩,在有危险的场所设置相应的安全标志警示牌及照明设施,加强机械操作人员安全培训教育,禁止违章操作。

（7）生物感染伤害。生物感染伤害是农村生活污水处理工程中容易忽视的一个危险因素。在格栅、初沉池、二沉池等构筑物产生的污泥富集了大量病原菌、有机物污染物等有害物质,对人类健康存在潜在威胁。另外,生活污水生物处理过程中的活性污泥微生物种类繁多,沾在皮肤上容易引发皮肤病。预防生物伤害的主要措施是尽量避免污泥直接接触皮肤。污泥意外喷溅在人身上时,注意及时清洗。污泥应按规定堆放、暂存,不得随地乱堆、随意弃置。

（8）火灾。污水处理工程火灾事故通常是电器设备短路、电缆老化等因素造成的。防范火灾的措施是定期检查电器设备、电缆是否老化,及时更换存在问题的部件。

144. 农村生活污水处理中哪些污水处理工艺需要专业人员运维？

处理水量大,出水水质要求高的农村生活污水处理工程,一般在厌氧、水解酸化等常规工艺基础上,采用 A^2O、A/O、SBR 等活性污泥工艺。这些工艺处理效果与活性污泥中具有脱氮除磷功能的微生物生长情况直接相关,保证这些工艺长期稳定运行必须定期控制曝气、排泥、进水负荷等主要污水处理工艺参数,对活性污泥微生物营养条件相关的参数如进水水量、水质等及活性污泥微生物生存环境参数,如酸碱度、溶解氧、气温等进行调整,最终为微生物生长提供良好的条件,提高微生物代谢活性,使其高效转化分解污染物,降低污染物浓度。这些工艺的运行维护对专业水平要求较高,需要专业人员针对实际情况进行。

另外,近年来 MBR 等高级生物处理技术已在农村生活污水处理工程中得到应用,这些新技术、新工艺机械化、自动化管理水平高,也需要有专业技术人员进行运行维护。

145. 农村生活污水处理工程建议的运维模式有哪些?

建立健全农村生活污水处理设施运维管理体系是实现污水处理设施长期稳定运行、解决农村生活污水污染问题的关键。然而,目前我国农村生活污水处理工程运行维护方面的管理措施尚不完善。鉴于我国当前农村生活污水处理技术现状及管理水平,宜建立基于以下 4 种运维模式的农村生活污水处理工程运维综合模式,保障广大农村地区生活污水处理设施正常运转:

(1)保洁员运维模式。针对分散式农村生活污水处理工程规模小,运维简单的特征,将农村生活污水处理工程运维交由村或组保洁员完成。如污水处理设施巡查、池体清淤、出水外观记录、人工湿地除杂草或植物种植收割等。

(2)专业人员片区运维模式。针对相对复杂,需要专业人员维护的生活污水生化处理工艺,如接触氧化、SBR 等,由农村基本行政机构如县、村等分片区指派专业技术人员,对片区内生活污水处理工程进行运维。

(3)BOT 运维模式。BOT(Build-Operate-Transfer)是一种“建设-营运-移交”方式,政府通过协议将污水处理工程的建设、经营和管理权让渡给工程的投资运营方,以专业公司为主承担污水处理工程的运维。该模式可以缓解农村生活污水处理工程建设、运行维护资金压力,为农村生活污水处理工程长效运行提供保障。

(4)输入工业污水处理厂。对于周边工业污水处理设施相对完善的乡镇,可将居民生活污水就近输入工业污水处理厂进行集中处理,工业企业承担污水处理工程运维工作。

另外,无论采用哪种生活污水处理工程运维模式,建议必须建立健全工程运维资料档案。建立污水处理工程运维资料档案将有利于工程处理效果溯源、工程管理监管、工程经验积累等。在污水处理工程运维资料档案中,对于专职人员管理的污水处理工程(如 BOT 运维、专业人员分片区运维)需要记录设施巡查情况、运维工作内容、出现的问题及其解决方法等；对于兼职人员管理的污水处理工程（如保洁员运维），需要记录巡查情况、运维工作内容、出水外观情况；对于运维管理配套差的污水处理工程，需要指定专门人员不定期记录污水处理设施工作情况。

146. 农村生活污水处理工程出水水质不达标时，主要有哪些可能原因？

农村生活污水处理工程出水水质未能达到设计出水水质（不达标）时，工程运维人员可首先考虑从如下方面查找原因：

（1）是否有其他污水混入？周围是否有新开农家乐、新建工厂、养殖场等？

（2）最近气温如何？是否过低？

（3）空气泵设施是否工作正常？

（4）污水处理工程剩余污泥是否正常？

147. 什么是曝气池污泥膨胀？有什么危害？如何发现是否产生了污泥膨胀？如何防治？

污泥膨胀是指污泥结构极度松散，体积增大、上浮，难于沉降分离的现象。发生污泥膨胀后，大量污泥流失、回流污泥浓度低，直接影响出水水质，并影响整个污水生化处理系统的运行情况。

如何发现是否产生了污泥膨胀呢？可用透明容器取曝气池内泥水混合物，静置 30 分钟，发现泥水混合物未能形成清晰的泥水分界面，即发生污泥膨胀。污泥膨胀产生的主要原因有：①溶解氧浓度低；②有机负荷过低或过高；③污泥微生物所需氮磷营养不平衡。

如何预防和解决污泥膨胀问题？主要防治措施有：

（1）设置生物选择器，预防丝状菌过度生长。在曝气池前端设计进水与污泥的接触区域（生物选择器），提高污泥的局部进水量与污泥量比例（F/M 值），避免低进水负荷引发的丝状菌污泥膨胀。

（2）控制溶解氧浓度。通过调整反应器进水量，降低污泥微生物分解进水中营养成分所需溶解氧，维持曝气池溶解氧浓度在 2 毫克/升以上。

（3）控制反应器负荷。根据运行经验，将曝气池有机负荷控制在合理范围内，使其他沉降性能较好微生物菌种超过丝状菌生长。

148.曝气池出现泡沫、浮泥的原因是什么？应采取哪些防治措施？

曝气池在运行调试阶段，容易出现活性污泥泡沫、浮泥（图 4-1），影响污水处理工程出水水质与外观。

图 4-1　曝气池污泥上浮

曝气池出现泡沫、浮泥的可能原因主要有：

（1）污水中洗涤剂增多时，曝气池污泥泡沫呈白色、且泡沫量较大；

（2）污泥泥龄太长，或曝气量过高导致污泥被打碎、吸附在空气气泡上，泡沫呈茶色、灰色；

（3）污泥负荷过高，有机物较黏，曝气池容易出现污泥泡沫、浮泥。

曝气生物反应池出现泡沫、浮泥时，应采取的措施主要包括：

（1）及时掏除浮泥，减少浮泥微生物；

（2）喷水，破坏泡沫。

149. 如何防治和解决沉淀池浮泥问题？

采用常规污水处理工艺处理生活污水时，在沉淀池常出现块状浮泥（图 4-2），其结构松散，随水流出后大大增加了污水 SS 含量，严重时造成污水不达标排放。沉淀池出现浮泥的原因有：

图 4-2　沉淀池上浮的污泥

（1）沉淀池污泥未及时排出，沉积在沉淀池池底的污泥发生厌氧发酵，产生了二氧化碳、甲烷等气体，携带沉淀池污泥上浮，形成浮泥。

（2）沉淀池的泥水混合液中含有一定量的硝态氮（硝酸盐氮和亚硝酸盐氮）。沉淀池池底部缺乏氧气，反硝化细菌分解利用已经沉淀在池底的污泥中有机质，代谢硝态氮，生成氮气。氮气微气泡吸附在污泥表面，携带污泥上浮，形成浮泥。

为避免沉淀池出现浮泥，或者在出现浮泥问题后，应采取的措施如下：

（1）沉淀池及时排泥，避免在池底形成厌氧环境；

（2）反硝化控制，强化沉淀池前端污水生物处理流程中反硝化过程，降低进入沉淀池泥水混合液中硝酸盐氮及亚硝酸盐氮浓度；

（3）清捞浮泥，防止浮泥进入沉淀池出水，影响整个污水生物处理工艺流程出水中 SS 浓度。这种方法只能应急，不能彻底解决浮泥流出的问题，最终解决问题还需要从工艺、操作技术方面解决；

（4）沉淀池设计挡板，拦截浮泥，有效防止浮泥流入出水中。

150. 对农村生活污水处理工程中的厌氧池进行维护时，应注意哪些事项？

农村生活污水处理中的厌氧池以地埋式厌氧生物膜池（厌氧池中悬挂填料）为主。污水厌氧处理池的维护工作主要是厌氧池内污泥的清掏与处置。污泥一般是 2～3 年清掏 1 次，也可根据实际情况不定期清掏。在对厌氧池进行维护时，应特别注意：

（1）厌氧池污泥有臭味，易滋生蚊蝇，污泥渗沥液对周边水体环境会造成二次污染，因此，厌氧处理池清掏出来的污泥应妥善处置，如可考虑用于农田施肥。

（2）厌氧池停运放空清理和维修时，应打开入孔、顶盖强制通风 24 小时，将活体小动物（鸡、狗）放置池内，检测厌氧池硫化氢等有毒气体浓度在安全范围后人员方可进入池体内部作业。当有人进入厌氧池内工作时，池外需要有人安全保护，一次进入维修时间不超过 2 小时。

（3）厌氧池内由于微生物作用会产生和积聚沼气，沼气是易燃易爆气体，在厌氧池清理前后及清理中，周围及池内都应禁止吸烟和明火作业。

151. 膜生物反应器的运行维护主要包括哪些内容？

膜生物反应器运行维护的关键在于膜污染控制。膜生物反应器运行管理的关键控制参数包括 MLSS、污泥黏度、溶解氧、膜过滤流速。膜生物反应器运行管理过程中，经常性检查的项目主要包括：

（1）跨膜压差。跨膜压差突然上升表明膜堵塞，这可能是不正常曝气状态或者污泥性质恶化导致的，需要进行膜清洗；

（2）曝气气泡。观察曝气气泡均匀性，发现曝气气泡不均匀时，检查曝气装置出气孔是否堵塞，检查安装情况，检查鼓风机及调整空气量；

（3）污泥指标。观察污泥颜色与气味，正常的污泥为黄褐色，具有土腥味，污泥性状异常时，应请专业人员进行维护；

另外，膜生物反应器日常维护的工作内容主要包括：

(1)清洗反应器及膜组件；

(2)出水管的更换，一般是 3 年一换；

(3)清洗曝气管及曝气器。

膜生物反应器的运维所需技术性极强，必须请专业人员进行，非专业人士应禁止启停、运行这类污水处理系统，以防膜生物反应器人为损坏。

152. 保持生物滤池稳定处理效果的关键在于什么？

(1)滤池堵塞控制。堵塞是生物滤池在运行中最容易产生的问题，其主要原因是进水悬浮物浓度高以及进水负荷高导致填料表面生物膜脱落严重。为避免滤池堵塞的办法有通过沉淀预处理降低进水中悬浮物浓度，另外，降低进水量，提高回流比，通过限制污泥微生物营养供给的方法降低滤池填料表面微生物生长速度。

(2)回流比控制。当进水污染物浓度较高时，开启回流泵，将处理出水回流，稀释原水，降低生物滤池进水负荷，增加滤池内部水流通过量，防止滤料堵塞。

(3)低温维护。冬季来临之际，地上式生物滤池外表面绑扎稻草等保温材料，同时降低进水量，保证出水质量。

153. 人工湿地通常需要哪些维护？

人工湿地是人工构建的生态系统，要维持其高效的污水净化能力，做好日常运行维护是关键。认为人工湿地不需要运维的观点是不正确的。无人维护的人工湿地(图 4-3)，其污水处理能力最终丧失。

维护人工湿地的主要工作就是对其工作状况定期进行巡视查看，查看湿地进出水管是否堵塞、湿地水位、湿地植物生长情况、进出水水质颜色透明度等是否正常，并应及时清除杂草杂物，具体内容如下：

(1)进出水管路维护。巡视人工湿地时，要查看进水情况，如果有异常，应检查进水管是否堵塞。由于污水中含有大量悬浮物，进水流速较慢时可沉积在进水管内部引起堵塞。如果发现人工湿地整体水位升高甚至出现整体壅水(图 4-4、4-5)，需要检查出水系统是否通畅。湿地出水管堵塞的主要原因是悬浮物日积月累堵塞填料层、下部集水层或出水管路。一般情况下，可用高压水枪或其他方式冲洗进出水管，去除堵塞物。

(2)湿地植物管理。湿地植物宜在春季栽种。植物在栽种初期，应注意

图 4-3   荒芜的人工湿地

图 4-4   出水口堵塞,水溢出

图 4-5　壅水的人工湿地

保持湿地水位,避免植物脱水影响生长,使植物尽快扎根存活。湿地植物在人工湿地运行期间吸收污水中氮磷等营养元素,生长较快,长成的植物个体较大,容易倒伏在湿地系统中被微生物分解发生腐败,向人工湿地系统释放有机物及氮磷,增加湿地系统污染物浓度。因此,需要根据不同湿地植物生长特性,在其生长茂盛或成熟期及时进行计划性及季节性人工收割利用。另外,湿地系统植物维护还包括根据实际情况,补种新苗,预防植物病虫害。

（3）除杂草、杂物。人工湿地处于自然开放系统中,湿地系统难免滋生杂草。杂草将与湿地植物竞争阳光、养分,对湿地植物生长有不利影响,因此,需要及时清除杂草。另外,湿地植物在生长过程中产生枯枝落叶将会散落在湿地系统中,为防止枯枝落叶腐烂污染流经湿地水体,需要及时清除此类杂物。

（4）恶劣天气。暴雨及冬季低温对人工湿地植物生长不利。夏季暴雨频发,暴雨过后,应及时扶培倒伏的湿地植物,排除人工湿地系统积水。

冬季气温较低,湿地植物生长受限,人工湿地系统污水处理能力下降。在冬季来临之前,可以收割掉不耐寒植物。另外,可降低进水量降低人工湿地处理负荷,保证出水水质。

154. 土地渗滤系统运行维护主要包括哪些内容？

土地渗滤系统是一种利用自然土壤净化能力的污水处理技术，其运行维护简单，除格栅清渣、管路维护、植物收获等常规维护外，还应注意：

（1）土壤表层是否浸泡。当发生土壤浸泡现象时，说明进水负荷过大，远超过土壤吸附能力及植物对污染物的吸收转化能力，土壤层微生物激增，堵塞系统布水管路和填料，在这种情况下应该停止进水，检查堵塞情况。

（2）根据不同土壤渗滤类型，制定运行维护方案。如慢速渗滤和快速渗滤间歇投配水量，使渗滤区呈干湿交替状态，地下渗滤系统则严格控制进水悬浮物浓度，防止出现填料层堵塞问题。

第五部分　工程验收

155. 农村生活污水处理工程验收主要有哪些相关规范与标准？工程验收需要准备哪些资料？

国家尚未出台专门针对农村生活污水处理工程的验收规范与标准。目前，全国各地区的农村生活污水处理工程主管单位一般在参考《城市污水处理厂工程质量验收规范》(GB50334)相关内容基础上，同时参考下列规范内容对农村生活污水处理工程进行验收：

(1)混凝土结构工程验收执行国家《混凝土结构工程施工质量验收规范》(GB50204)；

(2)砌体结构工程验收执行《砌体工程施工质量验收规范》(GB50203)；

(3)工程构筑物验收执行《给水排水构筑物施工及验收规范》(GBJ141)；

(4)管道工程验收执行《给水排水管道工程施工及验收规范》(GB50268)；

(5)工程的竣工验收执行《建设项目(工程)竣工验收办法》；

(6)工程的环境保护验收执行《建设项目竣工环境保护验收管理办法》。

另外，有些地方相关部门还在参考以上标准、规范基础上，制定针对本地区特点的农村生活污水处理工程验收要求。

农村生活污水处理工程验收时，需要准备记录工程施工全过程的工程资料。一般情况下，农村生活污水处理工程构筑物规模不大，施工情况相对简单，工程验收需要收集整理的资料相对简单。需要收集整理的工程资料及其形成阶段、具体内容及资料提供方如图5-1所示。

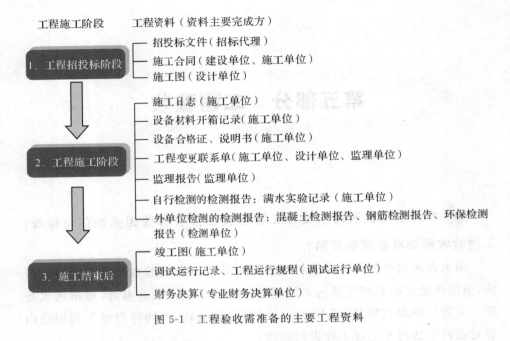

工程施工阶段　　　工程资料（资料主要完成方）

1. 工程招投标阶段
- 招投标文件（招标代理）
- 施工合同（建设单位、施工单位）
- 施工图（设计单位）

2. 工程施工阶段
- 施工日志（施工单位）
- 设备材料开箱记录（施工单位）
- 设备合格证、说明书（施工单位）
- 工程变更联系单（施工单位、设计单位、监理单位）
- 监理报告（监理单位）
- 自行检测的检测报告：满水实验记录（施工单位）
- 外单位检测的检测报告：混凝土检测报告、钢筋检测报告、环保检测报告（检测单位）

3. 施工结束后
- 竣工图（施工单位）
- 调试运行记录、工程运行规程（调试运行单位）
- 财务决算（专业财务决算单位）

图 5-1　工程验收需准备的主要工程资料

156. 怎样做盛水构筑物（水池）满水试验？

根据《给排水构筑物施工及验收规范》（GBJ141—90）水池满水试验主要包括如下步骤：

（1）充水：

①向水池内充水宜分三次进行：第一次充水为设计水深的 1/3；第二次充水为设计水深的 2/3；第三次充水至设计水深。对大、中型水池，可先充水至池壁底部的施工缝以上，检查底板的抗渗质量，当无明显渗漏时，再继续充水至第一次充水深度；

②充水时的水位上升速度不宜超过 2 米/天，相邻两次充水的间隔时间，不应小于 24 小时；

③每次充水宜测读 24 小时的水位下降值，计算渗水量，在充水过程中和充水以后，应对水池做外观检查，当发现渗水量过大时，应停止充水，待作处理后方可继续充水。

（2）水位观测：

①充水时的水位可用水位标尺测定；

②充水至设计水深进行渗水量测定时，应采用水位测针测定水位。水

位测针的读数精度应达 1/10 毫米；

　　③充水至设计水深后至开始进行渗水测定的时间间隔不应少于 24 小时；

　　④测读水位的初读数与末读数之间的时间间隔为 24 小时；

　　⑤连续测定的时间可依据实际情况而定，如第一天测定的渗水量符合标准，应再测定一天；如果第一天测定的渗水量超过允许标准，而以后的渗水量逐渐减少，可继续延长观测。

（3）蒸发量测定：

　　①现场测定蒸发量的设备，可采用直径约为 50 厘米、高约 30 厘米的敞口钢板水箱，并设有测定水位的测针。水箱应检验，不得渗漏。

　　②水箱应固定在水池中，水箱中充水深度可在 20 厘米左右。

　　③测定水池中水位的同时，测定水箱中水位。

（4）水池的渗水量按下式计算：

$$q = \frac{A_1}{A_2}[(E_1 - E_2) - (e_1 - e_2)]$$

式中：q——渗水量［升/（米²·天）］；

　　A_1——水池的水面面积；

　　A_2——水池的浸湿总面积；

　　E_1——水池中水位测针的初读数（毫米）；

　　E_2——测读 E_1 后 24 小时水池中水位测针的末读数，即末读数（毫米）；

　　e_1——读数 E_1 时水箱中水位测针的读数（毫米）；

　　e_2——读数 E_2 时水箱中水位测针的读数（毫米）；

连续观测时，前次的 E_2、e_2，即为下次的 E_1、e_1；

雨天时，不做满水试验渗水量的测定；

按上式计算结果，渗水量如超过规定标准，应检查，处理后重新进行测定。

（5）结果：

混凝土（砼）结构要求渗水量小于 2 升/（米²·天）、砖池子渗水量小于 3 升/（米²·天），则合格。

（6）试验记录。

157. 污水管道、管渠、倒虹吸管的闭水试验怎么做？

根据《市政排水管渠工程质量检验标准》(CJJ3—90)、《给水排水管道工程施工及验收规范》(GB50268—2008)污水管道、管渠、倒虹吸管的闭水试验按如下步骤进行：

对于污水管道，按照市政施工规程要求，必须在回填前做闭水试验。闭水试验前，施工现场应具备以下条件：

(1)管道及检查井的外观质量及"量测"检验均已合格；

(2)管道两端的管堵(砖砌筑)应封堵严密、牢固，下游管堵设置放水管和截门，管堵经核算可以承受压力；

(3)现场的水源满足闭水需要，不影响其他用水；

(4)选好排放水的位置，不得影响周围环境。

在具备了闭水条件后，即可进行管道闭水试验。试验从上游往下游分段进行，上游实验完毕后，可往下游充水，倒段试验以节约用水。试验各阶段说明如下：

(1)注水浸泡：闭水试验的水位，应为试验段上游管内顶以上 2 米，将水灌至接近上游井口高度。注水过程应检查管堵、管道、井身有无漏水和严重渗水。在浸泡管和井 1～2 天后进行闭水试验。

(2)闭水试验：将水灌至规定的水位，试验水头达到规定水头时开始计时，观测管道的渗水量，直至观测结束后，应不断向试验管段补水，保持试验水头恒定。渗水量的测定时间，不少于 30 分钟，渗水量不超过规定的允许渗水量即为合格。

(3)试验渗水量计算：渗水量试验时间 30 分钟时，每千米管道每昼夜渗水量为

$$Q=(48q)\times(1000/L),$$

式中：Q——每千米管道每天的渗水量；

　　　q——闭水管道 30 分钟的渗水量(补水量)；

　　　L——闭水管段长度；

当 $Q\leqslant$ 允许渗水量时，试验即为合格。

158. 哪些单位可以出具水质监测报告？

根据国家《建设项目竣工环境保护验收管理办法》（国家环境保护总局令第13号）规定，环境保护验收监测报告（表），由建设单位委托经环境保护行政主管部门批准有相应资质的环境监测站或环境放射性监测站，或者具有相应资质的环境影响评价单位编制。一般情况下，污水处理工程水质监测报告需要具有CMA资质的水质监测单位监测，出具监测报告。

159. 竣工决算的目的是什么？哪些单位可以做竣工决算？

竣工决算一般是施工单位编制的以实物数量和货币指标为计量单位，通过整套报表、编表说明的形式综合反映工程建设全过程及其建设成果的文件，是资产交付使用的重要依据，竣工决算一般有施工单位造价员的签字盖章。具有资质的审计单位或者是政府审计部门可以对竣工预算进行审计。

160. 什么是隐蔽工程？如何做隐蔽工程验收记录？

隐蔽工程是指工程完工后由于被遮挡而看不到的施工内容，如水池基础、地埋管线、地埋式池体结构等，该部分工程内容在污水处理工程中所占份额较大。严格控制隐蔽工程质量，做好隐蔽工程验收工作是确保污水处理设施正常运行的关键。

隐蔽工程验收记录以隐蔽工程验收记录表的形式记录工程名称、施工单位、分项工程名称、验收规范及编号、施工图号等工程基本信息，并以文字说明（填表）及附图说明形式记录隐蔽部位的图形、轴线、标高、尺寸；隐蔽工程材料的名称、规格、数量应做详尽的文字说明及附图说明。隐蔽工程验收记录表需要施工员、项目经理、项目技术负责人、质量检查员、专业监理工程师签字，是对隐蔽工程的最终确定。

主要参考文献

[1] 国家环境保护总局. 水和废水监测分析方法(第四版)[M]. 北京:中国环境科学出版社,2002.

[2] 李胜海. 城市污水处理工程建设与运行[M]. 合肥:安徽科学技术出版社,2001.

[3] 林荣忱. 污废水处理设施运行管理(试用)[M]. 北京:北京出版社,2006.

[4] 刘宁. 城市污水处理厂危险有害因素分析与防范对策[J]. 中国安全生产科学技术,2011,7(10):124-128.

[5] 罗安程,张春娣,杜叶红,等. 多基质土壤混合层技术研究应用[J]. 浙江大学学报(农业与生命科学版),2011,37(4):460-464.

[6] 吕炳南,陈志强. 污水生物处理新技术[M]. 哈尔滨:哈尔滨工业大学出版社,2005.

[7] 韩会玲. 城镇给排水[M]. 北京:中国水利水电出版社,2010.

[8] 蒋克彬,彭松,张小海,李久义. 农村生活污水分散式处理技术及应用[M]. 北京:中国建筑工业出版社,2009.

[9] 金兆丰,余志荣. 污水处理组合工艺及工程实例[M]. 北京:化学工业出版社,2003.

[10] 解清杰,高永,郝桂珍. 环境工程项目管理[M]. 北京:化学工业出版社,2011.

[11] 瞿义勇. 市政给排水施工员入门与提高[M]. 长沙:湖南大学出版社,2011.

[12] 石四军. 污水处理厂施工技术[M]. 北京:中国电力出版社,2010.

[13] 孙培德,郭茂新,楼菊青,宋英琦. 废水生物处理理论及新技术[M]. 北京:中国农业科学技术出版社,2009.

[14] 孙体昌,娄金生. 水污染控制工程[M]. 北京:机械工业出版社,2009.

[15] 杨建,娄山杰. 一种新型环境友好污水处理工艺——蚯蚓生态滤池[J]. 中国资源综合利用,2008,26(1):16-19.

［16］尹士君.水工程施工手册［M］.北京:化学工业出版社,2009.

［17］王继明.土木建筑工程概论［M］.北京:高等教育出版社,1993.

［18］王世和.人工湿地污水处理理论与技术［M］.北京:科学出版社.2007

［19］谢冰,徐亚同.废水生物处理原理和方法［M］.北京:中国轻工业出版社,2008.

［20］赵庆良,任南琪.水污染控制工程［M］.北京:化学工业出版社,2005.

［21］张爱均.污水处理厂水泵的选型与节能技术研究［J］.装备应用与研究,2011,30:78－79.

［22］张后虎,祝栋林.农村生活污水处理技术及太湖流域示范工程案例分析［M］.北京:中国环境科学出版社,2011.

［23］张永.钢筋砼水池的满水试验与渗漏处理［J］.机电信息,2010,270:157－169.

［24］张自杰.排水工程(第四版)［M］.北京:中国建筑工业出版社,2000.

［25］浙江省环境保护厅.浙江省农村环境保护工作手册［M］.2011.

［26］中华人民共和国住房和城乡建设部.东北地区农村生活污水处理技术指南(试行)［M］.2010,9.

［27］中华人民共和国住房和城乡建设部.东南地区农村生活污水处理技术指南(试行)［M］.2010,9.

［28］中华人民共和国住房和城乡建设部.华北地区农村生活污水处理技术指南(试行)［M］.2010,9.

［29］中华人民共和国住房和城乡建设部.西北地区农村生活污水处理技术指南(试行)［M］.2010,9.

［30］中华人民共和国住房和城乡建设部.西南地区农村生活污水处理技术指南(试行)［M］.2010,9.

［31］中华人民共和国住房和城乡建设部.中南地区农村生活污水处理技术指南(试行)［M］.2010,9.

［32］周鑫根.小城镇污水处理工程规划与设计［M］.北京:化学工业出版社,2005.

［33］Simon J,Claire J 著.膜生物反应器水和污水处理的原理与应用［M］.陈福泰,黄霞译.北京:科学出版社,2009.

［34］Xanthoulis D 等著.低成本污水处理教程［M］.王成端译.北京:化学工业出版社,2008.

社会主义新农村建设书系
服务"三农"重点出版物出版工程

　　《社会主义新农村建设书系》是浙江大学出版社以高度的社会责任心，精心组织实施"服务'三农'重点出版物出版工程"，策划、出版的一套优秀"三农"出版物，为服务社会主义新农村建设做出应有的贡献。

　　本套丛书围绕以下四大板块策划选题：一是农村政策法律解读板块，包括农村基层组织建设、村镇党员干部培训、思想道德建设、法制普及、农村未成年人思想道德建设、村镇财务制度规范等。二是种植业、养殖业板块。三是社会主义新农村建设板块，包括海上浙江建设、村镇民居建设、生态环境保护、农家乐的开发与经营等。四是知识普及板块，包括科学知识普及、传统文化普及、文学艺术知识、医学健康知识、体育锻炼知识等。

　　本套丛书的选题在编写上、制作上以农村读者"买得起、看得懂、用得上、能致富"为原则；符合广大农村读者需求，贴近农民群众实际需要；通俗易懂，便于操作掌握；知识准确、不误导读者。

　　本套丛书融知识性、实用性、通俗性于一体，系统而全面，分类清晰，可帮助广大农民朋友快速了解、掌握和运用实用知识。

　　本套丛书可作为农民的知识普及性读物，也可作为社会主义新农村建设农民培训用书。

书目如下：

国家"三农"优惠政策 300 问

网上开店卖农产品 200 问

农民金融与保险知识 300 问

农民财务与税收知识 300 问

农民工商企业管理知识 300 问

农民学电脑用电脑 210 问

农民学法用法 300 问

十字花科蔬菜高效栽培新技术 70 问

农村生活污水处理 160 问

养老知识 300 问

传染病防治 200 问

慢性病防治 200 问

健康膳食 248 问

绿色食品 150 问

无公害农产品 150 问

有机食品 150 问

农产品经纪人（中高级）实务

农作物植保员（初级）

中华鳖高效健康养殖技术

蓝莓栽培实用技术

农产品经纪人（初级）

居家养老护理

老年慢性病康复护理